U0306086

ANALYSIS REPORT ON THE COMPETITIVENESS OF
INTERNATIONAL BIOLOGICAL SEED INDUSTRY (CROP)

# 国际生物种业（作物）
# 竞争力分析报告

郑怀国　赵静娟　秦晓婧　等　著

中国农业科学技术出版社

**图书在版编目（CIP）数据**

国际生物种业（作物）竞争力分析报告／郑怀国等著．--北京：中国农业科学技术出版社，2021.12

ISBN 978-7-5116-5655-1

Ⅰ.①国…　Ⅱ.①郑…　Ⅲ.①作物育种-农业产业-产业发展-研究报告-世界　Ⅳ.①F313

中国版本图书馆 CIP 数据核字（2021）第 274274 号

| | |
|---|---|
| **责任编辑** | 于建慧 |
| **责任校对** | 李向荣 |
| **责任印制** | 姜义伟　王思文 |

| | |
|---|---|
| **出 版 者** | 中国农业科学技术出版社 |
| | 北京市中关村南大街 12 号　邮编：100081 |
| **电　　话** | （010）82109708（编辑室）　（010）82109702（发行部） |
| | （010）82109709（读者服务部） |
| **传　　真** | （010）82109708 |
| **网　　址** | http://www.castp.cn |
| **经 销 者** | 各地新华书店 |
| **印 刷 者** | 北京建宏印刷有限公司 |
| **开　　本** | 185 mm×260 mm　1/16 |
| **印　　张** | 6.5 |
| **字　　数** | 113 千字 |
| **版　　次** | 2021 年 12 月第 1 版　2021 年 12 月第 1 次印刷 |
| **定　　价** | 68.00 元 |

# 《国际生物种业（作物）竞争力分析报告》
# 著者名单

郑怀国　赵静娟　秦晓婧

贾　倩　齐世杰　张晓静

张　辉　颜志辉　王爱玲

串丽敏　李凌云　李　楠

# 目　　录

种业是农业的"芯片"，是国家战略性、基础性核心产业。随着国家《国务院关于加快推进现代农作物种业发展的意见》《种业振兴方案》《全国现代农作物种业发展规划》等指导意见的出台和重点任务的部署，种业已成为推动我国农业跨越式发展的重要引擎。当前，国际种业已进入以抢占战略制高点和经济增长点为目标的机遇期，呈现出高新化、一体化、寡头化的发展趋势。发达国家已进入以"生物技术+人工智能+大数据信息技术"为特征的育种4.0时代。与此同时，全球范围内的兼并重组不断加剧，出现了集现代生物技术、生物农化与数字农业为一体的种业寡头。作物种业作为种业"芯片"之一，是保障国家粮食安全，把饭碗牢牢端在自己手中的根本之基。面对作物种业发展的蓬勃趋势与复杂环境，全面了解全球作物种业发展概况，深入分析全球作物种业竞争格局，对制定我国种业发展规划，谋划种业产业布局具有重要意义。

# 一、国际生物种业发展概况

生物育种也称生物技术育种，是运用生物学技术原理改良动植物及微生物品种生产性状、培育动植物及微生物新品种的活动。本报告所指生物种业是作物生物技术育种的产业化。

## （一）全球种质资源保护与利用

作物种质资源是改良品种的基因来源，是培育优质、高产作物的物质基础。因此，世界各国政府和国际组织都从战略高度重视作物遗传资源多样性的收集保存工作。

### 1. 国际种质资源管理和利用

多年来，世界各国都在加强国家种质资源库的建设，目的是将收集到的种质资源集中在长期库妥善保存，从而确保自身在拥有和利用种质资源方面占据优势，在国际种业竞争中处于有利地位。据 ISF 统计，目前，全球共有 740 万份种质资源，1 750 个基因库，其中，保存能力大于 1 万份资源的有 130 个库。美国、中国和印度建有世界排名前三位的作物遗传资源库。

（1）美国　美国已建立起以国家为主导的国家植物种质体系，成员包括美国联邦（州）政府的有关组织、研究机构以及私人的组织和研究机构。其法律法规、管理制度、种质资源交换与共享政策、资助体系等稳定而灵活，保存设施和信息网络建设稳步发展，针对不同作物，在种质资源收集、鉴定评价、新基因发掘、种质创新等方面均成效显著。美国国家植物种质资源系统（The National Plant Germplasm System，NPGS）由政府机构（联邦和州）和私立机构共同构成，致力于保存各种作物的遗传特性，运转经费主要来源于国会指定拨款（不需每年申请），2020 年的经费预算是 4 720 万美元。

NPGS 从世界各地系统地搜集各类种质资源。据统计，截至 2021 年 2 月，NPGS 已拥有各类植物遗传资源 59 万份，其中，来自美国国内的种质资源数量约占库存种质的 28%，约 72% 来自国外收集，成为世界农作物遗传资源第一大国。NPGS 通过获取、保存、表征和评估，记录作物种质资源及其相关信息，并将所有的信息都存储于种质资源信息网络（Germplasm Resources Information Network，GRIN），向公共、私营和非政府组织部门的国内和国际客户分发，现已向国内外研究人员分发约 25 万份材料。

（2）印度　印度是植物遗传资源较为丰富的国家之一，在政府的重视下，基本建立起全国性作物种质资源运行体系。1976 年，在印度国家植物遗传资源局（National Bureau of Plant Genetic Resources，NBPGR）的牵头下，由 30 个研究所、国立农业大学等协作单位组成了印度植物遗传资源体系，分工完成作物种质资源的收集、保存、鉴定、评价和分发，并将收集品繁殖后送到 NBPGR 的长期库进行保存。NBPGR 除负责协调全国植物遗传资源外，本身拥有完整的植物种质资源研究部门，负责种质资源的收集、评价鉴定、分发交换、保存以及引进检疫等，同时负责各类委员会进行有关政策的制定。

印度农业部下属的国家作物遗传资源局基因库，是世界第三大作物遗传库，保存各种农作物种质资源超过 45 万份，其中，水稻种质资源超过 11 万份，小麦 3.4 万份，玉米 1.1 万份，蔬菜 2.7 万份，油料 6.1 万份，豆类 6.7 万份。NBPGR 还建有国家基因库网络，根据需要，每年在 NBPGR 及其区域站对大约 1 万份种质进行评估和鉴定，截至目前，已有超过 235 万份不同类型的农业园艺作物种质被鉴定，用以加强种质资源利用。NBPGR 鉴定出具有抗病性、优异品质特性以及适应气候变化的基因，供育种者用于各种作物改良。按照相关规定，印度国家基因库的种质资源只供国家科研院所共享。印度农业研究所（IARI）是农业部下属的首要农业研究机构，已利用国家基因库庞大的种质资源开发了众多农作物新品种来帮助农民增产增收。

（3）中国　中国政府自"七五"以来，一直将作物种质资源收集保存列入国家科技攻关项目，1984 年起建设自行设计的国家种质库 1 号库（后改为国家种质分发交换库），1986 年和 1992 年又相继建成国家长期库和青海复份长期库，完善了全国作物种质资源长期和复份相结合的保存与分发体系。同时，建立了 32 个种质圃（含 2 座试管苗库）来保存凡需要以种茎、块根和植株繁殖保持种性的作物种质资源。此外，还在中国农业科学院等专业研究院所建立了 7 座特定作物中期库，在各地农业科学院建立了 15 座地方中期库。截至 2020 年年底，全国已建立起由 1 座长期库、1 座复份库、10 座中期库、43 个种质圃、205 个原生境保护点以及种质资源信息中心组成的国家作物种质资源保护体系，成立了农业农村部作物种质资源保护与利用中心。新的国家作物种质资源库已于 2021 年建成使用，库容量为 150 万份，位居世界第一，进一步提升了中国种质资源保护能力。

中国种质资源库的作物种质资源保存数量已超过 52 万份，居世界第二位，其中，76% 是本土资源，24% 是国外资源。中国对所保存的种质资源进行了基本农艺性状鉴定，筛选出一批高产、优质和抗逆性强的种质资源，对部分特异资源进行了基因组测序与功能基因研究。初步建立了表型与基因型相结合的种质资源鉴定评价体系，开展了种质资源创新研究，利用多样化地方品种和野生近缘种中的优异特性，创制了一批新材料。构建了种质资源展示和共享平台，近 10 年累计向国内分发、国外交换种质资源 35 万余份（次），为农作物育种与基础研究提供了支撑。

中国于 1988 年初步建成中国作物种质资源信息系统（Chinese Crop Germplasm Resources Information System，CGRIS），并开始对外服务，目前，拥有 200 种作物的 47 万份种质资源信息，是世界上最大的植物遗传资源信息系统之一，并在互联网上向用户提供无偿信息共享服务，共计为国内用户提供了 2 400 万个数据项值的种质信息。CGRIS 的建立，为农业科学工作者和生产者全面了解作物种质的特性，拓宽优异遗传资源的使用范围，培育丰产、优质、抗病虫、抗不良环境的新品种提供了基础，为作物遗传多样性的保护和持续利用提供了重要依据。

## 2. 国际机构在种质资源收集保存和利用中的贡献

多年来，国际组织和机构在世界范围内开展了植物遗传资源，特别是重要作物的遗传资源收集、评价、资料汇编、培训等活动，推动了各国作物遗传资源保护项目的实施，为拯救濒临灭绝的植物物种，促进种质资源保护利用和农业发展作出了突出贡献。国际农业研究磋商组织（CGIAR）是一个战略联合体，创立于 1971 年，旨在通过农业、畜牧业、林业、渔业、政策及自然资源管理等领域开展科学研究以及与研究相关的活动，帮助发展中国家实现可持续粮食保障和减少贫困人口。CGIAR 有 64 个成员，包括 47 个国家、13 个国际及区域组织和 4 个私人基金会。该联合体有 18 个农业研究中心，其中，10 个中心（例如，国际植物遗传资源研究所、国际水稻研究所、国际半干旱热带作物研究所等）与主要粮食作物、饲料作物的遗传改良有关。这些中心保存了 60 万份的种质资源，并为作物改良项目的实施提供了基础。其中，几个重点涉及种质资源利用的研究中心情况如下。

（1）国际植物遗传资源研究所（IPGRI） 成立于 1991 年，隶属于国际农业研究磋商组织，为了妥善保存植物遗传资源，并促进对贮存资源的充分利用，IPGRI 牵头构建了作物遗传资源协作网。该协作网以作物为基础，由种质资源收集者、保存者、研究者、育种家以及其他使用资源的人员组成。建立协作网的目的：一是在长期库内妥善地保存种质资源；二是通过数据库提供信息和资料；三是从中期库里得到种质资源，从而提高整个作物基础资源的利用率。1988 年以来，IPGRI 项目委员会选择大麦、玉米、花生、甘薯、香蕉、秋葵、苜蓿和甜菜作为试点，现已取得重要进展。此外，发展核心收集品也是促进种质资源利用和管理的重要途径。目前，已建立 3 个以作物为单位的核心样品库（澳大利亚的野生大豆，科特迪瓦的秋葵和尼日利亚的邦巴拉花生），绿豆、大麦等 20 种作物的核心样品库项目正在实施之中。

（2）国际水稻研究所（IRRI） 成立于 1960 年，一直高度重视世界水稻种质的收集保存和研究，设置水稻遗传资源课题，从南亚、东南亚国家收集地方稻种资源。为了确保已收集水稻种质的保存与利用，1977 年年底，研究所建成了水稻遗传资源实验室。该实验室设有种子加工区、考种室、品质分析室、细胞学实验室和办公室，主要用于种子的短期、中期和长期保存。为使已经搜集保存的世界稻种资源能长久地发挥其为全球水稻研究服务的作用，1983 年 3 月，国际水稻研究所理事会决定在实施水稻遗传资源计划的基础上建立"国际水稻种质中心"（IRGC），广泛搜集南亚、东南亚、西亚、非洲和拉丁美洲的稻种资源，并开展形态及农艺性状描述、遗传评价与利用等研究。截至 2019 年 12 月，IRRI 水稻基因库拥有超过 13.2 万份可用的种质材料，包括栽培稻、野生稻等种质。此外，印度、日本、韩国、泰国、美国等国家及非洲水稻研究中心亦收集保存了一批稻种资源。

（3）国际半干旱热带作物研究所（ICRISAT） 是国际农业研究磋商组织的研究中心之一，总部设在印度的帕坦彻鲁，保存高粱、珍珠粟、鹰嘴豆、木豆、花生和粟等 6 类遗传资源。ICRISAT 种质库保存了来自 130 个国家的 114 870 个种质，包括来自世界各地不同组织的档案材料，以及来自 62 个国家的 213 个考察团的新馆藏。ICRISAT 种质库每年向全球科学家提供 4 万多个种质样品。

（4）国际玉米小麦改良中心（CIMMYT） 管理着人类最多样化的玉米和小麦种质资源的收藏。CIMMYT 的种质库，也称为种子库，是其作物育种研究的中心，保存了超过 2.8 万种独特的玉米种子和 15 万种小麦种子。通过育种计划，CIMMYT 每年向 100 个国家（地区）的 800 个合作伙伴发送 50 万个种子包。该中心的任务包括保护、表征、分配和利用遗传资源，安全分发种子，促进科学管理并确保对 CIMMYT 数据和衍生信息的开放访问；创建高质量的开源软件，开发和验证用于基因挖掘和作物改良的新工具和方法；与研究人员和农民一起开发和推广更高效、更精确的玉米和小麦耕作方法和工具，以节省资金、土壤、水和肥料等资源。

## 3. 国际种质资源管理政策法规

国际上有 4 个国际性条约发挥着保护遗传多样性和农民权益的主要作用，分别是《生物多样性公约》《粮食与农业植物遗传资源国际条约》《卡塔赫纳生物安全议定书》和《名古屋议定书》，分别签署于 1993 年、2001 年、2000 年和 2010 年，主要目的是保护地球所拥有的生物多样性、生态系统和物种、遗传资源，能够让使用者可持续地利用这些生物多样性资源，建立帮助农民、育种者和科学家获取植物遗传资源的全球体系，同时保障遗传物质的使用者和提供者能分享所获惠益。

《生物多样性公约》（Convention on Biological Diversity，CBD）是一项有法律约束力的国际性公约，由联合国环境规划署发起，于 1993 年 12 月 29 日正式生效。公约的宗旨是保护生物多样性、可持续利用生物资源、公平公正地分享利用遗传资源所产生的惠益。目前，CBD 有 196 个缔约方，世界各国普遍参与，中国于 1992 年签署该公约，并将于 2021 年在昆明承办《生物多样性公约》第 15 次缔约方大会（COP15）。

《粮食和农业植物遗传资源国际条约》（International Treaty on Plant Genetic Resources for Food and Agriculture，ITPGR）于 2001 年 11 月 3 日在联合国粮食和农业组织大会上通过。2004 年 6 月 29 日正式生效。该条约旨在认识到农民生产的多样性作物对供养全世界的巨大贡献；建立一个全球系统，帮助农民、植物育种者和科学家获取植物遗传材料；确保受助人相互分享他们从使用这些遗传资源材料的获益。其宗旨与《生物多样性公约》相一致。截至 2020 年 11 月，有 148 个缔约方。作为 ITPGRFA 的观察员，中国生物多样性与绿色发展基金会认为，粮食和农业遗传资源的多样性是维护中国粮食安全和促进经济发展的重要战略资源。目前，中国还不是公约的缔约国，建议中国应尽快加入 ITPGRFA，此举符合中国的根本利益，且各方面条件已成熟，也是新的国际形势下的迫切需要。

《卡塔赫纳生物安全议定书》和《关于获取遗传资源和公正公平分享其利用所

产生惠益的名古屋议定书》是 CBD 的补充条约。2000 年 1 月 29 日，《生物多样性公约》缔约方大会通过了《卡塔赫纳生物安全议定书》，于 2003 年 9 月 11 日生效，重点是保护生物多样性不受由转基因活生物体带来的潜在威胁。其建立了事先知情同意程序，以确保各国在批准这些生物体入境之前，能够获得足够的信息，以便采取更充分的保护措施。截至目前，已有 173 个缔约方签署了《卡塔赫纳生物安全议定书》。中国于 2000 年 8 月 8 日签署并于 2005 年 4 月 27 日核准议定书，议定书于 2011 年 4 月 6 日起适用于香港特区，暂不适用于澳门特区。《名古屋协定书》致力于通过合理获取遗传资源和合理转让相关技术的方法，分享因利用遗传资源而产生的利益。《名古屋协定书》于 2014 年 10 月 12 日生效，有 107 个缔约方批准。

## 4. 国家计划和立法政策的支持

许多发达国家和发展中国家制定了完整的植物遗传资源国家计划或系统，主要宗旨是通过保护和利用农业植物遗传资源，促进粮食稳定生产、国家发展，促进可持续农业和保持生物多样性，并通过对保存材料的利用以满足国家对作物种质资源的需要。截至目前，已有 40 多个国家制定了关于"植物育种者权利"的相关法律，一些国家制定了奖励植物资源提供者的立法，一些国家制定了植物种质资源进出口的归口管理政策。此外，由于历史原因，公众对粮食和农业植物遗传资源及其保存和利用计划的重要性均缺少认识。因此，美国、加拿大、英国等国家或非政府组织正开展各种活动，致力于提高公众认识。

美国农业部农业研究局（ARS）和国家科学基金会（NSF）都有专门的植物育种研究计划，ARS 发布了植物基因资源、基因组学及遗传改良行动计划，NSF 发布了植物基因组研究计划。这些计划支持了美国在遗传资源和资源信息库方面的研究，推动美国的植物育种实现新突破。欧盟通过框架计划、竞争力和创新计划、欧洲地平线计划等进行育种研究布局。加拿大农业部制定科技发展战略，通过未来发展框架计划、基因组研发计划等，利用遗传改良、种质开发、创新育种工具、品种开发等增加作物产量潜力，减轻非生物胁迫性的影响。

中国已出台《中华人民共和国种子法》《农作物种质资源管理办法》《草种管理办法》等，建立农作物种质资源登记、共享、产权保护等制度，逐步完善与《生物多样性公约》《国际植物新品种保护公约》相适应的农作物种质资源法律法规体系，规范种质获取和信息反馈，强化知识产权保护，防止资源流失，为中国农作物种质资源保护和利用提供法律保障。2021 年 7 月 9 日，中央审议通过《种业振兴行动方案》，强调要打牢种质资源基础，做好资源普查收集、鉴定和评价，开展种源关键技术攻关，做好统筹协调和长远规划。在政策和计划的加持下，中国种业振兴前景可期。

## （二）全球生物技术育种热点与前沿

在生物技术育种领域，发达国家已进入以"生物技术+人工智能+大数据信息技术"为特征的育种4.0时代。转基因技术、基因编辑技术、全基因组选择育种、基因组学、智能设计育种是当前国际生物技术育种研究的核心与前沿。

### 1. 转基因技术

转基因技术是指利用现代生物技术，将人们期望的目标基因，经过人工分离、重组后，导入并整合到生物体的基因组中，从而改善生物原有的性状或赋予其新的优良性状的一项技术。转基因技术可以加快农作物的生长速度，提高农作物产量，增强农作物的抗病性、对环境的适应能力，增强抵抗除草剂和杀虫剂的能力。

转基因技术研发经历了从单基因到多基因转化的提升，从单一外源功能基因的转化向包括调控基因在内的多基因转化发展。从技术应用来看，由第一代抗虫、抗病、抗除草剂的转基因作物，逐渐向抗逆（抗旱、抗寒、抗盐碱）、品质改良、营养改良、生物医药的转基因作物发展。目前，全球进入田间试验的转基因植物超过500种，商品化种植的转基因作物30多种，包括大豆、玉米、小麦、水稻、棉花、油菜、甜菜、西葫芦、茄子、马铃薯、苹果、番茄等。美国是转基因技术的领导者，已进入商业化应用阶段。中国的转基因技术处于总体跟随、个别领先的状态，虽然研发的转基因作物种类很多，但大多数仍处在试验研究阶段，转基因水稻和玉米已获得安全证书，还未批准进行商品化种植，目前，仅有棉花、番木瓜和杨树进入商业化应用阶段。

### 2. 基因编辑技术

基因编辑技术是指对基因组进行定点修饰的一项技术，能够精确地定位到基因组的特定位点上，实现对特定DNA片段的敲除、插入、替换等"编辑"。经基因编辑后的生物材料可稳定遗传，不会发生性状分离，基因编辑技术突破了之前特定突变体生物材料获得困难的限制，并尽可能降低了对受体基因背景的影响，对生物领域的发展与应用有重要意义，是实现精准育种的重要手段。

目前，研究人员利用锌指核酸酶（ZFNs）、类转录激活因子效应物核酸酶（TALENs）和成簇规律间隔短回文重复（CRISPR）与 Cas9 蛋白（CRISPR-Cas9）等基因编辑技术，已经对多个物种的基因进行了定点敲除或修饰。近年来，科研人员通过筛选新的编辑工具，例如，CRISPR/Cpf1 系统以及 Cas9 变体等，有效拓宽了基因编辑的范围，并针对部分公众关注的转基因安全顾虑，研发了无外源DNA 污染基因编辑技术；基于目前定向同源修复编辑效率低的现状，开发了单碱基编辑系统。另外，在开展基础研究的同时，科研人员已在多个物种上利用基因编辑技术成果进行作物改良。

从技术研发来看，美国和中国处于领先地位，具有较高的影响力和活跃度，有比较明显的竞争优势。从技术应用来看，中国国内与国外基本处于同一起跑线，甚至在部分领域处于国际先进水平，有一定领先优势，如基因编辑技术在我国两种主要粮食作物（水稻和小麦）方面的研究处于世界领先地位。虽然中国科学家对原始的基因编辑技术在安全性和效率方面进行了诸多改进，也获得了多种拥有自主知识产权的基因编辑技术，但基因编辑技术原创不在中国，仍然缺乏原始创新，目前常用的基因编辑的核心技术源自美国，核心技术的专利权基本掌握在欧德森-柏若德斯大学（Alderson Broaddus University）和科迪华公司（Corteva）手中。因此，在规模化商业应用方面存在潜在的"卡脖子"风险。

2021 年，基因编辑技术取得新进展，哈佛大学怀斯生物工程研究所研究人员发明了一种称为 Retron Library Recombineering（RLR）的新基因编辑工具，该工具可以同时生成多达数百万个突变，并"编码"突变细菌细胞，可以一次筛选整个库，也可以在成簇规律间隔短回文重复序列（CRISPR）有毒或不可行的情况下使用，并带来更高的编辑效率。

## 3. 全基因组选择育种

全基因组选择育种是一种利用覆盖全基因组的高密度标记进行选择育种的新方法，可以对目标性状进行预测和定向选择，减少育种工作量，显著缩短育种周期，提高育种效率。2001 年，荷兰科学家 Meuwissen 最早提出了全基因组选择的概念，早期的全基因组选择技术主要在动物育种中应用。近年来，多个作物基因组测序工作陆续完成，系列高通量测序、高密度芯片及高通量分子标记分型技术的研究成果为作物全基因组选择育种提供了重要发展机遇和技术依据。目前，全基因组选择技术在主要农作物玉米、小麦、水稻、大麦等育种研究中已经得到广泛应用，基于全基因组选择育种的高产、优质、抗病、抗逆新种质和新品种培育将为粮食安全供应奠定重要基础。

全基因组选择育种研究的核心是提供准确、可靠的遗传育种预测结果。近年来，科学家在如何提高作物全基因组选择的预测育种值，以及全基因组选择育种的上中下游多个环节开展了大量深入研究，在育种群体优化、预测模型开发、基因型与环境互作等多个方面为提高作物育种效率奠定了重要基础。随着基因组测序技术和计算机科学的快速发展，全基因组选择育种对作物的产量和品质等复杂性状的预测效果已有很大提升，未来将会成为作物育种中杂种优势预测与高产优质品种筛选的核心方法。

从技术应用来看，全基因组选择育种已经在玉米和水稻等粮食作物育种中有了较深入的研究，且已覆盖到多个重要性状，但是在园艺作物上的研究仍较少。提高作物产量和抗性是全基因组选择技术的主要研究方向，提高特色农作物品质、作物杂种优势及遗传多样性是研究的重点内容。目前，拜耳（孟山都）、科迪华（陶氏杜邦）等种业巨头已在玉米等作物上实现了该技术的规模化应用，美国是该技术的领跑者，德国、法国等国家的相关研究也较为领先，而中国还处于起步阶段。

## 4. 基因组学

基因组学是对生物体所有基因进行集体表征、定量研究及对不同基因组进行比较研究的一门交叉生物学学科。近年来，测序技术以及计算机科学的快速发展，使获得作物基因型成为可能，可结合表型组、转录组、代谢组、蛋白组等组学技术，挖掘出与性状关联的位点，进一步进行遗传改良。目前，基因组学广泛应用到作物育种中，已获得了抗虫、抗旱、耐除草剂等品种，成果显著。基因组学及其衍生技术正在影响全球农业产业的发展。

基因组测序技术的快速发展使作物基因组研究取得了突破性进展。中国是世界上较早启动作物基因组学研究的国家，已完成水稻、小麦、玉米以及黄瓜等70%~80%重要作物的基因组测序，初步掌握了这些作物遗传基因的功能性状，研究水平走在国际前列。此外，还开发了基于高通量基因组测序的基因型鉴定方法，成功开展了水稻、玉米重要农艺性状的基因组关联分析和功能研究。目前，中国水稻功能基因组研究整体水平处于国际领先地位。同时，也是世界上最早使用第二代测序技术开展蔬菜基因组研究的国家，先后绘制完成了黄瓜、番茄、大白菜、甘蓝、西瓜等作物的全基因组序列图谱和变异图谱，在国际上处于领先地位。在利用组学大数据挖掘重要农艺性状基因方面，中国与美国等世界先进国家处于同一水平。

## 5. 智能设计育种

智能设计育种是在分子设计育种的基础上融合最新的大数据、人工智能等技术的智能化育种解决方案，可实现作物新品种高效、个性化选育，从而推动育种从"科学"到"智能"的颠覆性转变。

智能设计育种的实现路径是根据不同作物的具体育种目标，通过多学科交叉协同，首先获取、集成基因组、表型组和环境组的多组学大数据，综合生物学、遗传学、育种学、生物信息学、计算科学等学科的相应信息，解析重要性状形成的分子基础；利用人工智能系统训练育种模型，在田间重复测产之前，应用基于基因型大数据、表型大数据、环境大数据已建立和验证的基因型—表型—环境模型，对"目标品种"的产量、抗逆性、适应性、品质性状进行海量计算，并模拟其在不同环境条件下的表现与稳定性，最终创建基因型—表型—环境多维大数据驱动的精准育种方案，利用现代生物技术定向高效改良和培育新品种，显著缩短育种时间，提升育种效率，节省育种成本。

目前，先锋、先正达、孟山都等国际知名育种公司，均分别建立了高水平的育种信息平台和育种体系。在研发队伍中，除了传统育种队伍和分子监测与分析队伍，还配备了庞大的生物信息和数量遗传学分析队伍。育种工作人员需使用先进的设备进行数据采集，其育种数据库包含了详尽的系谱信息和亲缘关系。总体上看，目前发达国家已进入大数据、云计算、人工智能等新一代信息技术、智能装备技术与生物技术深度融合的种业 4.0 时代，但政府导向的大数据育种研究与应用尚在起步中。中国正处于种业 2.0 时代向 3.0 时代过渡的阶段，已开始育种相关数据的研究和项目设计，而近年大数据技术的蓬勃发展，为缩短与世界育种水平的距离提供了良机。

## （三）全球种子产业发展格局

## 1. 生物技术育种产业化情况

（1）转基因作物　从转基因作物种植面积来看，1996—2019 年，全球转基因作物种植面积累计达到 27 亿公顷。至 2019 年，全球共有 71 个国家（地区）应用了转基因作物，29 个国家（地区）种植了 1.904 亿公顷的转基因作物，包括 24 个发展中国家和 5 个发达国家。发展中国家占全球转基因作物种植面积的 56%，而发达国家为 44%。另有 42 个国家（地区）（包括 26 个欧盟国家）进口了用于食品、饲料和加工的转基因作物。

2019 年，美国以 7 150 万公顷的转基因作物种植面积排名第一，转基因大豆、玉米和棉花的平均应用率达到 95%。其次依次是巴西（5 280 万公顷）、阿根廷（2 400 万公顷）、加拿大（1 250 万公顷）和印度（1 190 万公顷），总计 1.727 亿公顷，占全球转基因作物种植面积的 91%。生物技术使这 5 个国家的 19.5 亿人口受益，占目前世界 76 亿人口的 26%。中国转基因作物种植面积为 320 万公顷排名第七，主要种植品种为棉花和木瓜。世界各国转基因作物种植面积及品种见表 1。

表 1　2019 年转基因作物及种植面积

| 排名 | 国家 | 种植面积（百万公顷） | 转基因作物 |
|---|---|---|---|
| 1 | 美国* | 71.5 | 玉米、大豆、棉花、苜蓿、油菜、甜菜、马铃薯、木瓜、南瓜、苹果 |
| 2 | 巴西* | 52.8 | 大豆、玉米、棉花、甘蔗 |
| 3 | 阿根廷* | 24.0 | 大豆、玉米、棉花、苜蓿 |
| 4 | 加拿大* | 12.5 | 油菜、大豆、玉米、甜菜、苜蓿、马铃薯 |
| 5 | 印度* | 11.9 | 棉花 |
| 6 | 巴拉圭* | 4.1 | 大豆、玉米、棉花 |
| 7 | 中国* | 3.2 | 棉花、木瓜 |
| 8 | 南非* | 2.7 | 玉米、大豆、棉花 |
| 9 | 巴基斯坦* | 2.5 | 棉花 |
| 10 | 玻利维亚* | 1.4 | 大豆 |
| 11 | 乌拉圭* | 1.2 | 大豆、玉米 |
| 12 | 菲律宾* | 0.9 | 玉米 |
| 13 | 澳大利亚* | 0.6 | 棉花、油菜、红花 |
| 14 | 缅甸* | 0.3 | 棉花 |
| 15 | 苏丹* | 0.2 | 棉花 |
| 16 | 墨西哥* | 0.2 | 棉花 |
| 17 | 西班牙* | 0.1 | 玉米 |

| 排名 | 国家 | 种植面积（百万公顷） | 转基因作物 |
|---|---|---|---|
| 18 | 哥伦比亚* | 0.1 | 玉米、棉花 |
| 19 | 越南* | 0.1 | 玉米 |
| 20 | 洪都拉斯 | <0.1 | 玉米 |
| 21 | 智利 | <0.1 | 玉米、油菜 |
| 22 | 马拉维 | <0.1 | 棉花 |
| 23 | 葡萄牙 | <0.1 | 玉米 |
| 24 | 印度尼西亚 | <0.1 | 甘蔗 |
| 25 | 孟加拉国 | <0.1 | 茄子 |
| 26 | 尼日利亚 | <0.1 | 棉花 |
| 27 | 埃斯瓦蒂尼 | <0.1 | 棉花 |
| 28 | 埃塞俄比亚 | <0.1 | 棉花 |
| 29 | 哥斯达黎加 | <0.1 | 棉花、凤梨 |
| | 总计 | 190.4 | |

注：＊19个种植面积在5万公顷以上的转基因作物种植大国。

从转基因作物经济效益来看，1996—2018年，转基因作物种植国共获得经济收益2 249亿美元，获益最大的国家依次是美国（959亿美元）、阿根廷（281亿美元）、巴西（266亿美元）、印度（243亿美元）、中国（232亿美元）、加拿大（97亿美元），6国的经济收益之和为2 078亿美元，占全球总收益的92.4%，其他国家共获得经济收益232亿美元，仅占7.6%。

2018年，从转基因作物获得的经济收益最多的前六位国家依次是美国（78亿美元）、巴西（38亿美元）、阿根廷（24亿美元）、印度（15亿美元）、中国（15亿美元）、加拿大（9亿美元），6国的经济收益之和为179亿美元，占全球总收益的94.71%。其他国家共获得经济收益10亿美元，仅占5.29%。美国获得的经济收益是中国的5.2倍，中美间的差距显著。

2018年，商业种子市场总价值增长1.3%，达到416.7亿美元。其中，全球转基因种子市场，包括抗除草剂（HT）、抗虫（IR）和叠层性状种子，保持在219.7亿美元左右，占全球种子市场总价值的52.7%。2013—2018年，转基因种子的市场占有率保持在50%左右，呈轻微波动，缓慢增长趋势（表2）。

表 2　2013—2018 年商业种子市场　　　　　　　　　　　单位：$1×10^6$ 美元

|  | 2013 年 | 2014 年 | 2015 年 | 2016 年 | 2017 年 | 2018 年 |
| --- | --- | --- | --- | --- | --- | --- |
| 转基因种子 | 20 100 | 21 054 | 19 789 | 20 039 | 22 206 | 21 970 |
| 传统种子 | 19 282 | 19 481 | 17 441 | 16 846 | 18 912 | 19 700 |
| 全球种子市场 | 39 382 | 40 535 | 37 230 | 36 885 | 41 119 | 41 670 |

（2）基因编辑作物　美国明确提出，通过基因编辑技术得到的作物，只要片段的来源不是病毒、DNA 细菌等植物有害物就不在其监管范围内。宽松的制度环境，推动美国迅速将其研发优势转化成产业优势，使其成为世界上基因编辑作物品种产业化最领先的国家。SU Canola 抗磺酰脲除草剂油菜是全球第一个商品化基因编辑作物，于 2015 年在美国 4 000 公顷的土地上进行了商业化种植。2016 年，美国批准种植了通过基因组编辑技术剪掉褐变相关 DNA 片段的蘑菇。迄今为止，已有 150 多种基因编辑植物新品种被美国农业部指定为不受管制，从而允许在美国进行商业化种植，包括高油酸大豆、抗白粉病小麦、高油荠蓝和高油含量山茶花等。目前，美国农业部已经受理调查并公开了 23 件基因编辑作物，除了由跨国公司陶氏益农和杜邦先锋公司（现陶氏杜邦公司）研发的 3 种作物，其余均是 Calyxt、Yield10、Benson Hill Biosystems 等一些初创公司研发培育。由于这些初创企业抢占了基因编辑技术先机和超前专利部署，大型跨国种业公司与中小科技公司间的知识产权许可与转让成为基因编辑技术产权化的重要策略。

除美国外，2018 年 6 月，英国批准了一种高 Omega-3 多不饱和脂肪酸的基因编辑亚麻荠试验性种植。2020 年 2 月，日本通过了其国内首个基因编辑食品——富含抑制血压上升功能成分 γ-氨基丁酸的番茄的销售申请，标志着基因编辑产品可以进入市场。

中国在基因编辑作物育种应用研究上取得一系列国际领先的新材料和新品种，已经开发的基因编辑模式植物品种包括烟草、水稻、玉米、高粱、大豆、西瓜、黄瓜、番茄、香蕉、杨树等，但尚无任何基因编辑作物被批准上市。

（3）生物种业监管　对生物育种技术及其产品的监管政策，是影响一个国家生物育种技术研发及产业化的重要因素。近年来，分子生物学和生物技术的快速发展，促成了一批在育种中具有重要应用前景的新型植物育种技术（New Plant Breeding Techniques，NPBTs），与常规育种技术相比，新型育种技术更具特异性和针对性，大大提高了传统育种的效率和精确度，在商业化育种中具有良好的应用前景。针对新型植物育种技术育成的产品是否属于转基因生物、如何评估新型植物育种技术引发的潜在风险、如何识别和检测新型植物育种技术产品的讨论也成为关注的焦点。

国际上对生物育种技术及其产品的监管分为两大阵营，一个是以美国为代表的以产品为导向的生物技术产品监管制度体系，坚持"实质等同性"和"个案分析"原则，认为只要通过自然的或者传统育种的手段能够得到的变异，均视为非转基因生物，都不需要监管。除美国以外，采用类似政策的国家有加拿大、巴西、阿根廷、智利、哥伦比亚、以色列等。日本和俄罗斯反对转基因，但都积极发展基因编辑。印度、孟加拉国、尼日利亚、肯尼亚、巴拉圭、乌拉圭、菲律宾、挪威等国家正在讨论，很可能按美国的做法进行监管。另一个是以欧盟为代表的以技术手段为导向的生物技术产品监管制度体系，认为凡是通过生物技术手段得到的生物都要按照转基因生物进行严格的安全评价和监管。欧盟及其成员国的科学界和行业内人士都呼吁放宽对基因编辑产品产业化的限制，法国已将基因编辑作物视为非转基因生物，英国脱欧后对基因编辑作物采取了宽松的监管政策，新西兰亦采取的是与欧盟相似的政策。还有些国家例如澳大利亚的政策介于美国为代表的国家与欧盟之间，即不含外源基因就免于监管，但是最近的修订版特别将单碱基编辑（因为在脱氨酶的辅助下实现碱基转换）的作物当成转基因（GMO），按转基因作物实施监管。针对这种情况，开发出循环打靶（CSE），2次连续打靶实现碱基替换，不用脱氨酶，可以满足澳大利亚非转基因监管要求，直接登记商业化。

与生物技术的发展相比，中国对生物育种技术及其产品的监管相对滞后，现在所依据的法规是2001年发布、2017年修订的《农业转基因生物安全管理条例》，该条例将农业转基因生物定义为：利用基因工程技术改变基因组构成，用于农业生产或者农产品加工的动植物、微生物及其产品。但随着新技术的发展，采用基因编辑等新技术生产的生物产品是否属于农业转基因生物，是否需要监管及如何监管，并无明确规定。此外，对转基因作物产业化只有宏观的政策，缺乏详细的配套措施。如果不能及时制定和执行更科学、更合理的监管政策，生物技术育种产业化水平与美国、欧盟甚至日本的差距将可能进一步扩大，并且极有可能因产业化受阻而丧失在科技上的领先优势。2021年发布《2021年农业转基因生物监管工作方案》《关于鼓励农业转基因生物原始创新和规范生物材料转移转让转育的通知》等政策性文件，释放了将在严格农业转基因生物安全评价基础上为全面产业化做准备的重要信号。

## 2. 全球种子企业概况

随着经济全球化、市场一体化进程加快，全球种业跨国公司对种业市场份额的竞争日益激烈，大型种业跨国公司所在国家在全球的市场份额，也体现了该国的产业竞争力。

2019 年，中国有 4 家企业（先正达集团、袁隆平农业高科技股份有限公司、北大荒垦丰种业股份有限公司、苏垦农发股份有限公司）进入全球销售额 TOP20 企业，其他 TOP20 的企业美国有 1 家（科迪华公司），德国有 3 家（拜耳公司、巴斯夫股份公司、科沃施集团），荷兰有 4 家（瑞克斯旺种子公司、安莎种子公司、必久种子有限公司、百绿集团），法国有 4 家（利马格兰、佛洛利蒙－德佩育种公司、RAGT Semences、优利斯集团），日本有 2 家（坂田种苗株式会社、泷井种苗株式会社），印度有 1 家（安地种业）。拜耳公司、科迪华公司一直是种业的领跑者，其销售总额占 TOP20 总销售额的 60%，在转基因技术、基因编辑技术、数字农业方面优势明显。先正达集团、巴斯夫股份公司、利马格兰集团、科沃施集团组成新的第二梯队，4 家销售总额约占 TOP20 企业总销售额的 24%。剩下的 14 家企业虽然在销售额上仅占 16%，但是特色显著，例如，丹农种子公司和百绿集团的牧草、草坪草种子业务，坂田种苗株式会社和瑞克斯旺种子公司的蔬菜种子业务，泷井种苗株式会社的花卉种子业务，袁隆平农业高科技股份有限公司的水稻种子业务，苏垦农发股份有限公司的小麦种子业务等。目前，全球种业已形成"两超，四强，差异化发展"新格局（表 3）。

2017—2020 年，掀起了世界种业历史上的第 3 次并购浪潮。2017 年 6 月，中国化工集团以 430 亿美元收购瑞士先正达公司，形成了美国、欧盟和中国"三足鼎立"的全球农化行业格局；2018 年 6 月，拜耳收购孟山都，一跃成为全球种子行业领头羊，在全球种子市场的份额上升至 40%；2018 年 8 月，为满足反垄断部门的相关要求，拜耳市值 90 亿美元的种子业务被巴斯夫收购；陶氏杜邦合并，分拆出来的农业事业部启用新名称——科迪华农业科技，并于 2019 年 6 月在纽交所独立上市。至此，新的四大巨头（Big4）在种子、现代生物技术、数字农业的业务板块结构更稳健，在市场上拥有更强大的地位。

表3　2019 年销售额 TOP20 企业　　　　　　单位：$1×10^6$ 美元

| 排名 | 公司（国家） | 2019 年销售额 |
|------|------------|--------------|
| 1 | 拜耳（德国） | 10 667 |
| 2 | 科迪华（美国） | 7 590 |
| 3 | 先正达（中国） | 3 083 |
| 4 | 巴斯夫（德国） | 1 619 |
| 5 | 利马格兰（法国） | 1 491 |
| 6 | 科沃施（德国） | 1 263 |
| 7 | 丹农（丹麦） | 779 |
| 8 | 坂田（日本） | 587 |
| 9 | 泷井（日本） | 484 |
| 10 | 隆平高科（中国） | 450 |
| 11 | 瑞克斯旺（荷兰） | 440 |
| 12 | 安莎种业（荷兰） | 379.4 |
| 13 | 佛洛利蒙–德佩（法国） | 357 |
| 14 | 必久种业（荷兰） | 327.9 |
| 15 | 百绿集团（荷兰） | 263 |
| 16 | RAGT Semences（法国） | 239 |
| 17 | 优利斯集团（法国） | 233 |
| 18 | 安地种业（印度） | 231 |
| 19 | 北大荒垦丰种业（中国） | 188 |
| 20 | 苏垦农发（中国） | 177 |

（1）拜耳集团　拜耳集团（以下简称"拜耳"）成立于 1863 年，是具有 150 多年历史的生命科学公司，总部位于德国的勒沃库森，截至 2020 年 12 月 31 日，拜耳集团包括分布于 83 个国家的 385 家公司，拥有雇员 99 538 人，主要包括 3 个业务部门，即制药部、消费者健康部和作物科学部，人员占比分别为 39.4%、10.6% 和 33.2%，其中，研发人员占比达 15.1%，在医疗保健和农业领域拥有核心竞争力。拜耳作物科学部是一个世界领先的农业企业，业务涉及作物保护、种子和数字农业，为优质食品、饲料和植物原料的可靠供应提供保障；其作物保护（种子经营）部销售各种高价值种子、改良的植物性状、创新的化学和生物作物保护产品及虫害管理解决方案、数字解决方案，同时，为可持续农业提供广泛的客户服务；环境科学运营部门为专业的

非农业应用提供产品和服务，例如病媒、病虫害防治和林业。2018年6月7日，拜耳宣布完成对美国生物技术公司孟山都的收购。2020年，拜耳农业种子和性状业务销售额达7 566百万欧元（9 180百万美元），位列全球种子企业首位。

①种子销售情况：拜耳2020年作物科学部销售额为188.4亿欧元，拜耳全球种子和作物保护市场保持适度增长，北美洲地区依然是其主要市场，但业务有所下滑，亚太地区业务有所增长；玉米种子及性状、大豆种子及性状的销售基本保持在2019年的水平，蔬菜种子的销售额同比下降，棉花、油菜等其他种子销售额有所下降，环境科学发展势头强劲（表4、表5）。

表4　2018—2020年拜耳作物科学部销售额及其他销售额　　单位：$1 \times 10^6$ 欧元

| 类别 | 2018年 | 2019年 | 2020年 |
| --- | --- | --- | --- |
| 总和 | 14 266 | 19 832 | 18 840 |
| 除草剂 | 4 171 | 5 097 | 4 740 |
| 杀菌剂 | 2 647 | 2 718 | 2 639 |
| 杀虫剂 | 1 345 | 1 448 | 1 370 |
| 玉米种子及性状 | 1 808 | 5 164 | 4 970 |
| 大豆种子及性状 | 1 200 | 2 119 | 1 956 |
| 环境科学 | 732 | 994 | 1 070 |
| 蔬菜种子 | 629 | 689 | 640 |
| 其他 | 1 734 | 1 603 | 1 455 |

资料来源：拜耳2020年报。

表5　2018—2020年拜耳作物科学部地区销售额　　单位：$1 \times 10^6$ 欧元

| 区域 | 2018年 | 2019年 | 2020年 |
| --- | --- | --- | --- |
| 欧洲、非洲和中东 | 3 689 | 4 170 | 4 053 |
| 北美洲 | 4 696 | 8 743 | 8 367 |
| 拉丁美洲 | 4 023 | 5 090 | 4 503 |
| 亚太地区 | 1 858 | 1 829 | 1 917 |

资料来源：拜耳2020年报。

②研发投入：拜耳拥有一个全球研发网络，拥有约15 065名研发人员，2020年其专项前的研发支出（R&D spend before special items）达到48.84亿欧元。其中，作物科学部2020年的研发投资支出约1 959万元（表6），在全球共有9个重点研

发点（图 1），研发机构约有 7 100 名员工，在全球 50 多个国家开展业务，通过与数字应用程序和专家团队合作，开发出一系列量身定制的解决方案，为农民提供更多选择，使其能够以可持续的方式实现更高的生产力，此外，在开放创新模式下与大量外部合作伙伴进行合作，以进一步增强其创新能力。

表 6　2018—2020 年拜耳作物科学部研发投资　　　　单位：$1×10^6$ 欧元

| 年份 | 2018 年 | 2019 年 | 2020 年 |
|---|---|---|---|
| 研发投资 | 1 854.58 | 2 241.016 | 1 959.36 |

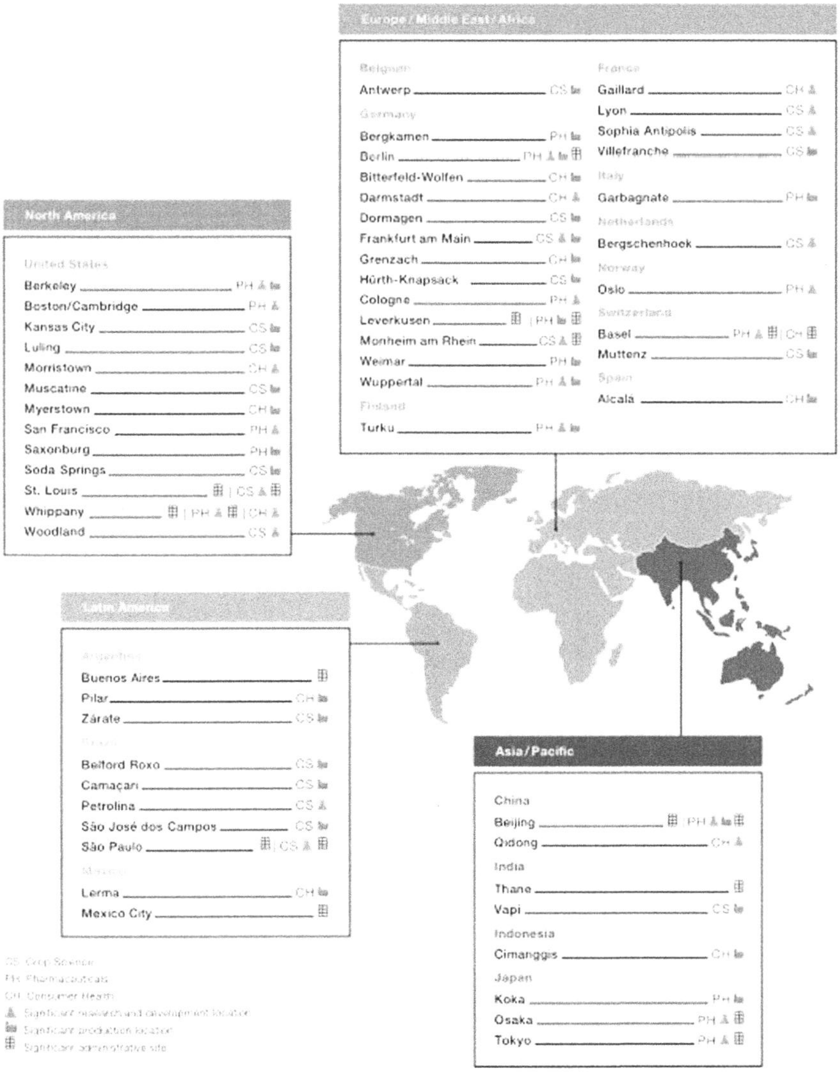

图 1　拜耳研发中心分布

在农业领域，拜耳与多国初创科技企业开展投资合作。拜耳与新加坡主权财富基金淡马锡（Temasek）合作，在美国加利福尼亚州成立了初创企业 Unfold Bio（Unfold Bio Inc.），旨在开发可在垂直农业中高效、可持续种植的创新蔬菜种子。Unfold Bio 是世界上第一家不专注于技术基础设施，而是专注于蔬菜作物生物学和遗传潜力的公司。拜耳还投资了肯尼亚的阿波罗农业有限公司（Apollo Agriculture Ltd），这是一家利用数字、化学和金融工具帮助非洲小农在非理想气候条件下种植作物的初创公司。通过投资美国初创公司 Rantizo，拜耳首次涉足农业无人机领域，该种无人机有可能以有针对性的保守方式部署化学和生物作物保护剂。总部位于以色列的生物技术公司 Ukko 也加入了 Leaps by Bayer 的投资组合，Ukko 通过使用人工智能来修改蛋白质，从而消除食物过敏，并通过该方式开发谷蛋白不耐症或花生过敏的治疗方法。

③研发进展：利用先进育种方法和人工智能（AI）结合基因组、表型和环境数据开发新的创新种子产品，旨在提高作物产量和品质，增强抵御病虫害和气候变化的能力。2020 年，拜耳在美国亚利桑那州的马拉纳开设了自动化温室，作为其新的全球玉米产品设计中心。该温室的运作是为可持续利用投入而设计的，通过整合端到端的育种过程，可以更快开发出更先进的玉米产品。

利用基因组编辑和其他分子方法等生物技术有针对性地开发出增强植物对虫害、疾病、杂草和干旱或大风等其他环境压力抗性的解决方案。生物技术使减少农药使用和采用保守耕作方法的可持续农业成为可能，进而保护表土层和减少二氧化碳排放。

通过发展诸如数字农业、新的作物保护工具、精确应用和植物育种工具等创新技术，减少农场上应用的作物保护产品数量，减少其对环境的影响。拜耳子公司气候公司（The Climate Corporation）利用人工智能和机器学习，通过优化种子选择和收获分析，以及天气和虫害预测，帮助农民获得更好的产量。Field View 是业界领先的数字农业平台，能够使用先进的建模技术，为每 1 英亩土地量身定制产品建议，该技术已经通过提供监测工具帮助农民更有效地利用氮肥，减少了温室气体排放以及流入水中的径流。此外，拜耳还开发出跨部门的数据科学研发平台用于生成新的解决方案，通过跨部门和站点边界建立生物信息学专家网络，有效地处理来自研发的大量数据。

关注杂草综合管理解决方案研究。在未来十年，拜耳将在新的杂草管理解决方案上投资 50 亿欧元，使农民获得更多的工具——从化学和非化学工具到数字技术进步和农艺支持——以便管理杂草，能够在 2029 年前实施可持续发展战略。这项研发投资将用于提高对抗性机制的理解，发现和开发新的行动模式，进一步开发新的杂草综合治理（Integrated Weed Management，IWM），通过数字农业工具和见解提出解决方案和建议，并加强与世界各地杂草科学家的合作，帮助当地农民定制解决方案（表 7）。

表 7　2020 年拜耳新注册的种子产品

| 种子产品 | 批准地区 | 意义 |
| --- | --- | --- |
| Bollgard 3 Thryv On 棉花 | 美国 | 提供了植物对牧草盲蝽和蓟马物种长达一个季节的保护，有助于减少一些杀虫剂的应用 |
| 抗虫第二代大豆产品 Intacta 2 Xtend | 中国 | 标志着 2021 年中国支持推出 Intacta 2 Xtend |
| Xtend Flex 大豆 | 欧盟 | 用于欧盟的食品、饲料、进口和加工，代表 Xtend Flex 大豆的最终密钥授权，意味着 2021 年在美国和加拿大的全面上市将成为可能 |
| 矮小玉米品种 VITALA | 墨西哥（商业化测试） | 帮助农民使用更少资源种植更多的最佳农艺实践 |
| Intacta RR2-PRO 大豆 | 南美地区 | 增产了 2 000 万吨大豆，减少了 30.6% 的环境影响，农药用量减少 10% 以上 |

④未来研发重点：拜耳未来产品线包括许多新的小分子产品、种子品种、数字产品，这些产品能够促进可持续农业发展，帮助提高农民生产力。图 2 显示了处于后期开发阶段的新产品，根据主要农作物，计划在 2023 年推出。

**Product Innovation Pipeline[1]**

| Crop/digital application | First launch | Product group | Indication | Product/trait/number of hybrids or varieties |
| --- | --- | --- | --- | --- |
| Corn | 2022 | Biotechnology trait | Pest management | SmartStax PRO/VTPro4 |
|  | 2023 | Biological | Crop efficiency | BioRise third-generation seed treatment |
|  | 2023 | Breeding/native trait | Crop efficiency/yield | Short Stature Corn |
|  | Annual | Breeding/native trait | Crop efficiency | > 150 new corn seed hybrids |
| Soybeans | 2021 | Biotechnology trait | Pest management | Intacta2Xtend Soybeans |
|  | 2022 | Crop protection | Disease management | Fox Supra (Indiflin)[2] |
|  | Annual | Breeding/native trait | Crop efficiency | > 150 new soybean seed varieties |
| Cotton | 2021 | Biotechnology trait | Pest management | ThryvOn Technology |
|  | Annual | Breeding/native trait | Crop efficiency | > 10 new cotton seed varieties |
| Horticulture | 2021 | Biological | Disease management | High-concentration biological for seed and soil application (Minuet in U.S.A.) |
| Vegetables | Annual | Breeding/native trait | Crop efficiency, disease management | ~ 130 new seed varieties launched with highlights in pepper, tomato and melon seed |
| All major crops | Annual | Biological/small molecule LCM | Crop efficiency, disease, pest and weed management | ~ 8 new formulations of crop protection products between 2021-2023 |
| Digital applications | 2021 | Digital/climate | Crop efficiency | Advanced seed prescription service for corn in Argentina, Brazil and the EU |
|  | 2022 | Digital/climate | Crop efficiency | Seed Advisor tool within FieldView™ enabling seed placement and density recommendations for North American corn growers |

As of December 2020
[1] Planned market launch of selected new products, subject to regulatory approval
[2] Co-development with Sumitomo

**图 2　拜耳研发管道重点及其启动年**

⑤重点产品/种子产品：拜耳专注于提供高质量的种子，以及通过改进杂草管理和优越的昆虫控制的高产作物的尖端性状。通过对拜耳在 2015—2017 年期间，分布于 4 个重点地区（拉丁美洲、西非、东非以及南亚和东南亚）的 7 个测量区域的农业活动进行评估，拜耳自 2016 年以来的获得种子指数（Access to Seeds Index）一直位列全球前三位。其作物科学部重要产品和重要种子及性状品牌分别见表 8 和表 9。

表 8　拜耳作物科学部重要产品

| | 核心活动和市场 | 主要产品及品牌 |
|---|---|---|
| 作物科学 | | |
| 除草剂 | 防除杂草的化学作物保护产品 | Roundup、Adengo、Alion、Corvus、Atlantis、Xtendimax |
| 玉米种子、性状 | 玉米种子与性状 | DeKalb、SmartStAX 肋骨完整、VT DoublePRO、VT TriplePRO、Vitala |
| 大豆种子、性状 | 大豆种子与性状 | AsGrow、Intacta RR 2 ProRoundup Ready 2 XTend、Roundup Ready 2 Yield、XTendFlex |
| 杀菌剂 | 保护农作物免受真菌病害的生物和化学产品 | Fox、Luna、Nativo、Serenade、Xpro |
| 杀虫剂 | 保护农作物免受有害昆虫及其幼虫危害的生物和化学产品 | Bioact、Confidor、Movento、Sivanto |
| 环境科学 | 用于专业害虫控制、病媒控制、林业、高尔夫球场和公园、铁路轨道的产品，用于消费者草坪和花园的产品 | FICAM、MaxForce、Esplanade、K-Othrine、FludoraFusion |
| 蔬菜种子 | 蔬菜种子 | Seminis、Deruiter |
| 数字农业 | 农业数字化应用 | Climate Field View |
| 其他 | 棉花、油菜籽（油菜）、水稻和小麦的种子和性状，以及防止真菌疾病和害虫的生物和化学种子处理产品 | Gaucho、Bollgard Ⅱ、Bollgard Ⅱ XTendlex、Cotton、Deltapine |

表 9　拜耳主要作物种子品牌

| 商标 | 研发领域 | 应用 | 描述 |
|---|---|---|---|
| AGROESTE | 种子及性状 | 种子 | Agroeste 是一个种子品牌，为巴西农民提供玉米、大豆和高粱解决方案，以提高生产力和最大化投资回报 |
| Arize | — | 水稻种子 | Arize 是提高产量潜力的杂交水稻种子 |

（续表）

| 商标 | 研发领域 | 应用 | 描述 |
|---|---|---|---|
| ASGROW | 种子及性状 | 种子 | Asgrow 是美国优质大豆品牌，在墨西哥 Asgrow 种子品牌还包括玉米 |
| BOLLGARD II XTENDFLEX COTTON | 种子及性状 | 性状 | Bollgard Ⅱ XtendFlex Cotton |
| Bollgard 3 COTTON | 种子及性状 | 性状 | 为棉花种植者提供 3 种防治棉铃虫和其他棉花害虫的方法，减少喷洒量，减少对棉花作物的潜在损害 |
| Channel | 种子及性状 | 种子 | Channel 是美国优质大豆品牌，在墨西哥该种子品牌还包括玉米 |
| CropStar | 作物保护 | 种子 | 属于 Gaucho 品牌家族，保护从种子到叶片，帮助甜菜、谷物、玉米、棉花、油菜、水稻和蔬菜在最脆弱的早期阶段保持强壮和抗性 |
| DEKALB | 种子及性状 | 种子 | DEKALBAsgrow 是世界上最知名的种子品牌之一，提供一流的、尖端的种子解决方案。DEKALB 的种子主要是玉米，但在一些地区包括大豆、油菜、苜蓿和高粱 |
| DELTAPINE | 种子及性状 | 种子 | Deltapine 是全球领先的棉花种子品牌，拥有优良的遗传基因和关键的棉花性状，具有最佳的表现潜力，优质的纤维品质，提高客户的利润潜力 |
| De Ruiter | 种子及性状 | 种子 | DeRuiter 是一个全球蔬菜种子品牌，为客户提供强大的资源，专注于保护性栽培的独特需求，包括温室种植 |
| DroughtGard HYBRIDS | 种子及性状 | 性状 | DroughtGard Hybrids 作为世界上第一个抗旱生物技术玉米品种，这些杂交玉米可以抵抗干旱胁迫，帮助消费者最大限度地降低天气带来的风险 |
| Gaucho | 作物保护 | 种子 | Gaucho 保护从种子到叶子，帮助糖用甜菜、谷物、玉米、棉花、油菜、水稻和蔬菜在最脆弱的早期阶段保持强壮和抗性 |
| INTACTA RR2 PRO | 种子及性状 | 性状 | Intacta RR2 Pro 是在巴西推出的生物技术大豆特性，为南美农民提供更广泛的虫害防治选择，更方便和增加产量潜力 |
| ROUNDUP READY 2 XTEND SOYBEANS | 种子及性状 | 性状 | Roundup Ready 2Xtend soybeans 是该行业首创的生物技术大豆特性，同时，具有麦草畏和草甘膦除草剂耐受性，提高了对抗性杂草和其他难以控制的杂草的控制能力 |
| sementes agroceres | 种子及性状 | 种子 | Sementes Agroceres 是一个拥有 70 年历史的巴西种子品牌，为更多的传统农民提供玉米和高粱产品组合，种植范围广泛，稳定性好，成果可靠，为客户带来安全感 |

（续表）

| 商标 | 研发领域 | 应用 | 描述 |
|------|---------|------|------|
| **SmartStax** | 种子及性状 | 性状 | SmartStax 是先进的昆虫和杂草控制系统，为农民提供来自 Roundup ReadyTM2 技术和 LibertyLinkTM 性状，最大限度地控制玉米根虫和广谱杂草 |
| **TruFleX** CANOLA | 种子及性状 | 性状 | TruFlex Canola 为油菜籽种植者提供更多的灵活性，以适应不同的生长条件及其农场的独特挑战 |
| **VT TriplePRO** | 种子及性状 | 性状 | VT Triple Pro 有 3 种作用模式保护（两种用于控制地上昆虫，一种用于地下昆虫保护）的高产玉米 |
| **XTENDFLEX** TECHNOLOGY | 种子及性状 | 性状 | Xtend Flex 技术是 3 个棉花性状的基础：Xtend Flex 棉花、Bollgard Ⅱ Xtend Flex 棉花和新的 Bollgard Ⅲ Xtend Flex 棉花 |

⑥创新策略：将生物技术、数字信息技术的产品研发及其与个性化解决方案服务有机组合。拜耳的近期和中期增长将主要由农作物保护、种子和性状方面的产品创新驱动。为了促进长期增长，将开发新的业务领域，如数字农业，通过为客户量身定做解决方案，实现流程自动化，并提高其研发流水线的生产率；通过数字化连接农场，创造一个全行业的生态系统，为客户带来新的价值池，其在数字农业方面的专门知识和创新为农民尽可能有效地利用其投入和自然资源提供支撑。从长远来看，基于数据的模型和数字化服务将补充或在某些情况下取代目前拜耳的核心业务，数据科学和创新的数字工具将可持续地提高其自身业务的效率，数字农业使农民能够根据每个农场的需求量身定做个人解决方案，实现在正确的地点、正确的时间和正确的数量生产正确的产品。此外，拜耳将通过与研究机构、非政府组织、公司和社会初创企业开展合作伙伴关系，扩大其产品和服务组合，包括定制的数字解决方案。

建立广泛的国际合作，提升研发能力和国际影响力。拜耳作为全球农业合作伙伴网络的一部分，与众多公私机构、非政府组织、大学和其他机构开展合作。至2020 年，建立了许多新的研究伙伴关系（表 10）。

**表 10　拜耳作物科学部重要国际合作伙伴**

| 作物科学合作伙伴 | 合作目标 |
|------|------|
| AbacusBio Limited | Accelerate Bayer's Global Crop Breeding program by uiizing AbacusBio's expertise in trait prioritization and valuation to advance products that anticipate grower and market needs |

| 作物科学合作伙伴 | 合作目标 |
|---|---|
| Arvinas Inc. | Oerth Bio（joint venture of Bayer & Arvinas, Inc.）to tillize Arvinas' targeted protein degradation technology PROTACTM to develop innovative new agricultural products to improve crop yields |
| Atomwise Inc. | Partnership using artificial inelligence（AI）to discover small molecules for crop protection applications |
| BASF SE | Co-funded collaboration agreement to develop transgenic products with increased yield stability in corn and soybeans |
| Brazilian Agricultural Research Corporation-Embrapa | R&D cooperation to address specific agricultural challenges in Brazil, e. g. Asian soybean rust |
| 2Blades Foundation | Collaboration research program to identify Asian soybean rust resistance genes in legumes and genes to control fungal diseases in corn |
| Citrus Research Development Foundation, Inc. | Search for solutions to citrus greening disease, which currently threatens the global citrus production and juice industry |
| CL AAS KGaA mbH | Enables real-time data connectivity between wireless technology in the cab and farmers' FieldView™ accounts and expands Drive compatibility across all lines of CL AAS equipment in Europe |
| Elemental Enzymes Ag and Turf, LLC | Use of soil microbes to improve plant health and thereby increase crop productivity |
| Energin. R Technologies 2009 Ltd. （NRGENE） | Collaboration to develop a sequence- based pangenome and haplotype database to facilitate molecular breeding approaches |
| Evogene Ltd. | Research program to identify genes for fungal disease resistance in corn |
| FarmBox | Leverages FieldView™ data to enable dealers to write prescriptions specific to a farmer's operation. The partnership also provides multiple solutions for retail, growers and dealers, including scouting |
| Grains Research and Development Corporation（GRDC） | Partnership for the discovery and development of innovative weed management solutions（herbicides） |
| Ginkgo Bioworks Inc. | The Joyn Bio joint venture investigates technologies to enhance plant-associated microorganisms |
| Hitgen Ltd. | Research program based on a DNA-encoded library to discover new active substances for use in agriculture |
| Institute of Molecular Biology and Biotechnology, Foundation for Research and Technology Hellas （MBB-FORTH） | Collaboration seeking to reveal key aspects of insect gut physiology and discover novel targets for the development of insect control solutions |
| Innovative Vector Control Consortium（IVCC） | Joint development of new substances to combat mosquitoes transmitting diseases such as malaria and dengue fever |
| KWS SAAT SE | Joint ollaboration and commercial agreement for herbicide- tolerant sugar beet |
| Meiogenix | Further development of technologies in the fields of plant breeding and genome editing |

| 作物科学合作伙伴 | 合作目标 |
| --- | --- |
| Novozymes A/S (BioAg Alliance) | Joint development of new sustainable microbial solutions for crop agriculture |
| Oxitec Ltd. | Development of a Friendly™ fall armyworm exploring a new approach to support integrated pest management in a sustainable way with initial focus on Brazil |
| Pairwise Plants | Research aliance to develop genome editing tools and products in com, soybeans, cotton, oilseed rape/canola, and wheat |
| Pivot Bio Inc. | Research collaboration focused on Bradyrhizobium for improved nitrogen utilization in soybeans |
| Prospera Technologies Inc. | Joint development of digital solutions for vegetable greenhouse growers |
| Second Genome, Inc. | Alliance that leverages partner's microbiome/metagenomics platform to expand sourcing and diversity of novel proteins for the development of next-generation insect control traits |
| Sentera Inc. | Enables farmers to visualize and order imagery through FieldView™ |
| Targenomix GmbH | Development and application of systems biology approaches to achieve a better understanding of metabolic processes in plants |
| Temasek | Unfold (joint venture between Bayer and Temasek) will focus on innovation in vegetable seed with the goal of raising vertical farming to the next level in terms of quality, efficiency and sustainability |
| XAG Co. Ltd. | Strategic partnership to develop and market digital agricultural technologies |

通过并购拓展研发领域，提高研发竞争力。除开展自身创新研究外，拜耳还通过并购等商业举措来实现研发领域拓展和业务整合。

⑦在中国的发展：拜耳作物科学（中国）总部位于北京，生产基地位于杭州，主要生产和销售优质、高效、安全、无公害的杀虫剂、杀菌剂、除草剂等作物保护产品。拜耳作物科学现已开发出 45 种不同产品，在中国作物保护产品范围最为广泛，目前，与 23 个地区建立了业务往来，为客户提供最优质的服务。2019 年，拜耳在中国销售额达到 37.24 亿欧元，拥有超过 9 000 名员工，其推出的产品覆盖水稻、玉米、小麦、果蔬等作物领域（表 11），为农民提供的服务包括作物保护解决方案、安全用药和施药技术等。拜耳作物科学部已经与农业农村部、全国农业技术推广服务中心、中国农业科学院等政府及学术机构展开合作，致力于促进中国农业的可持续发展。

表 11　拜耳在中国的种子产品

| 产品名称 | 类型 | 适用范围 |
|---|---|---|
| 奥拜瑞 | 种衣剂 | 在中国登记作物为小麦 |
| 顶苗新 | 种衣剂 | 在中国登记作物为玉米、棉花 |
| 德澳特 | 蔬菜种子 | 针对玻璃温室和加温设备的种植环境，提供番茄、黄瓜、甜椒和茄子等种子产品，同时还提供高质量砧木产品 |
| 圣尼斯 | 蔬菜种子 | 针对大田和没有加温设备的种植环境，提供番茄、椒类、菠菜、洋葱、甜玉米、胡萝卜、甜玉米、绿菜花、白菜花、甘蓝、生菜等作物的种子产品 |
| 迪卡 | 杂交玉米种子 | 与中国种子集团公司合资成立的经营玉米大田作物种子的中外合资种子企业，培育、开发、生产、销售适合不同细分生态区的高产传统杂交玉米种子产品 |
| 高巧 | 种衣剂 | 在中国登记作物为水稻、马铃薯、小麦、棉花、花生、玉米 |
| 立克秀 | 种衣剂 | 在中国登记作物为小麦、玉米 |
| 入田 | 种子处理 | 在中国登记作物为水稻 |
| 齐美新 | 种子处理 | 在中国登记作物为玉米 |

（2）科迪华农业科技　科迪华农业科技（以下简称"科迪华"）总部设在特拉华州威尔明顿，是唯一一家完全致力于农业的大型农业科技公司，是全球领先的种子和作物保护解决方案供应商，其广泛的农业解决方案组合为大约 140 个国家的农民提高了生产力。2015 年陶氏和杜邦宣布了一项最终协议，根据该协议，两家公司对等合并，形成陶氏杜邦，分拆为农业、材料科学和特种产品 3 个独立部门。2018 年，陶氏杜邦正式推出其品牌旗下的农业部门科迪华。2019 年 6 月 1 日，通过整合杜邦先锋公司、杜邦作物保护公司和陶氏农业科学公司的优势，科迪华从陶氏杜邦分离成为独立公司，业务包括种子和作物保护两部分，其中，种子部门开发和供应融合优良种质和先进性状的商品种子，作物保护部门提供产品以保护作物产量免受杂草、昆虫和病害的侵害。2020 年，科迪华种子和性状业务销售额达 7 756 百万美元，位列全球种业企业第二。

①种子销售情况：科迪华提供种子及性状技术和数字化解决方案，提高对天气、病害、昆虫、除草剂抵抗力以及强化食物及营养特性，帮助农民优化产品选择，实现产量最大化。其种子在许多关键种子市场处于领先地位，包括北美玉米和大豆、欧洲玉米和向日葵，以及巴西、印度、南非和阿根廷玉米。

2020 年种子净销售额为 77.56 亿美元，比 2019 年增长了 2%。从区域来看，北美地区依然是其主要市场，2020 年业务基本保持在 2019 年水平，拉丁美洲业务有所下降，欧洲、非洲和中东及亚太地区的业务有所增长。从种子类别来看，玉米种子是其种子业务的主体，2020 年销售额基本与 2019 年持平，大豆、油菜籽及其他种子销售额有所增长（表 12，表 13）。

表 12　2018—2020 年科迪华种子销售额市场分布　　　单位：百万美元

| 区域 | 2018 年 | 2019 年 | 2020 年 |
| --- | --- | --- | --- |
| 北美地区 | 4 974 | 4 724 | 4 795 |
| 拉丁美洲 | 1 102 | 1 130 | 1 117 |
| 欧洲、非洲和中东 | 1 408 | 1 378 | 1 468 |
| 亚太地区 | 358 | 358 | 376 |

资料来源：科迪华 2020 年报。

表 13　2018—2020 年科迪华种子部销售额　　　单位：百万美元

| 种子类别 | 2018 年 | 2019 年 | 2020 年 |
| --- | --- | --- | --- |
| 玉米 | 5 220 | 5 126 | 5 182 |
| 大豆 | 1 497 | 1 387 | 1 445 |
| 油菜籽 | 645 | 593 | 619 |
| 其他 | 480 | 484 | 510 |

资料来源：科迪华官网 https：//www.corteva.cn，科迪华 2020 年报。

②研发投入：科迪华在艾奥瓦州约翰斯顿设有一个全球商业中心，负责种子业务，在印第安纳州印第安纳波利斯设有 1 个全球商业中心，负责种子保护业务，其生产、加工、营销和研发设施以及地区采购办公室和分销中心遍布世界各地，共设有 97 个生产基地，其中，种子部业务生产基地 75 个（表 14）。

表 14　科迪华生产基地分布

| 地区 | 作物保护基地 | 种子基地 | 总和 |
| --- | --- | --- | --- |
| 北美地区 | 6 | 43 | 49 |
| 拉丁美洲 | 4 | 16 | 20 |
| 欧洲、非洲和中东 | 7 | 11 | 18 |
| 亚太地区 | 5 | 5 | 10 |
| 总和 | 22 | 75 | 97 |

资料来源：科迪华 2020 年报。

科迪华 2019 年研发费用为 11.47 亿美元，2020 年降至 11.42 亿美元（占其净销售额的 8%），近 2 年的研发费用均少于 2018 年研发费用（13.55 亿美元，占净销售额的 9%），研发费用减少的主要原因是货币收益以及生产率的持续提升（表 15）。

表 15  2018—2020 年科迪华研发投入  单位：$1×10^6$ 美元

|  | 2018 年 | 2019 年 | 2020 年 |
| --- | --- | --- | --- |
| 研发投资 | 1 355 | 1 147 | 1 142 |

③研发进展：在育种技术方面，科迪华采用完全数字化、通过设计和利用人工智能数据驱动的育种系统，以提高新品种的开发速度。科迪华是玉米、大豆、油菜籽和高粱等农作物 CRISPR-Cas 研究的领导者，自 2017 年 10 月以来，其与麻省理工学院和哈佛大学的布罗德研究所（The Broad Institute）联合提供了 CRISPR-Cas9 技术用于农业应用的非排他性许可，便于商业第三方可以选择只执行许可证来访问 1 个全面的 CRISPR-Cas9 知识产权组合，为相关组织在农业中实施 CRISPR-Cas9 提供了便利。2018 年，科迪华和国际水稻研究所（IRRI）宣布了 1 项关于水稻合作研究、新育种技术部署和育种项目开发的多年框架协议，该协议为双方提供了先进技术，包括 IRRI 的种质资源、杂交稻和自交稻项目以及科迪华的精确育种技术。

在种质创新及种子品种培育方面，推出了关键种子技术如 Qrome 和 Power-CoreULTRA 玉米产品、Enlist E3 1 大豆。2019 年，先锋品牌在美国推出 Qrome 玉米产品，2020 年，Qrome 产品在美国和加拿大进一步拓展，该产品展现了从地上和地下昆虫保护中获得优异产量的种质和性状能力；Enlist E3 1 大豆代表近 30 年来种植者第一次拥有可扩展的杂草管理替代品，未来科迪华将在其所有品牌的大豆组合中加速提升 EnlistE3™性状平台；2020 年，科迪华在美国宣布推出 Brevant 种子，将提供包括玉米、大豆、向日葵和油菜在内的多种种子；2019 年，科迪华从巴斯夫收购了北美 Clearfield 油菜生产系统的独家权利，该系统通过非转基因方式提供了对咪唑啉酮类除草剂的耐受性。

在推进品种监管和商业化方面，多项种子产品获得官方授权。科迪华 ENLIST 玉米、EnlistE3 大豆和 ENLIST 棉花的商业化已获得美国联邦监管授权；在阿根廷、巴西和北美地区获得了 ENLISTE3 大豆和 ENLIST 玉米的种植授权；2019 年，科迪华 Conkesta 大豆控虫性状获得中国进口授权，获得中国进口批准是其在拉丁美洲商业化的必要步骤，该产品预计在 2021 年下半年商业化，等待更多的监管批准。

在精准农业方面，通过创建数字工具，为客户提供简单的工具以及了解其农场和优化生产的整体方法，提供支持农艺和操作决策的平台，特别是在产品选择、针对性作物保护应用和财务分析等领域，以帮助实现产量和盈利最大化。通过机器学习技术，帮助客户实时了解其种子、田地和产量状况，并基于这些信息作出影响其当前生长季并决定下个生长季的决策。2018 年，科迪华通过其软件业务 Granular 宣布与综合航空航天和数据分析公司 Planet 开展合作，为农民提供数字农业软件解决方案。这项为期 3 年的协议将把 Planet 业界领先的每日全球卫星图像数据整合到 Granualar 农场管理软件套件中，将 Planet 全球每日卫星数据与 Granualar 世界级的作物建模人才和数据集相结合，能够及时发现每块农田的问题，提供与天气有关的影响模式、关于作物健康的特定模式和条件的完整视图，以及经验性最佳响应方法，使农民能够获得实时响应的决策建议，最大限度发挥作物潜力。

④未来研发重点：科迪华与世界各地的大学和非政府组织建立伙伴关系，通过开放创新平台（Open Innovation）在种质资源、转化技术、CRISPR-Cas 基因编辑技术、分子标记、表型能力等方面与世界各国科学家开展合作（图 3）。具体研究领域包括：

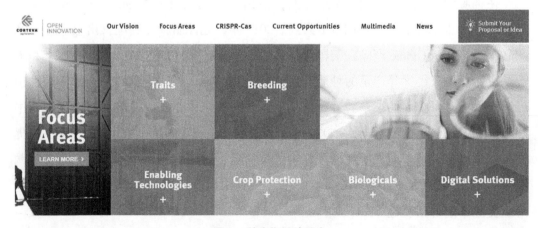

图 3　科迪华开放平台

在性状改良方面，利用生物技术、原生技术和基因组编辑方法，在昆虫控制、病害控制、抗除草剂、产量和农艺性状等领域提供稳健的性状解决方案，开发生物技术和本地性状，以支持可持续性、高品质和高产的潜力。合作目标包括：提高抗病性的天然基因靶点、生物技术和本地昆虫控制方法、新型抗除草剂靶标、提高品质性状。

在植物育种方面，育种计划与 90 多年的创新和专业知识有机结合以持续获得基因。合作目标包括：农作物产品的自然多样性、作物生长模型、驱动重组的方法，利用环境中作物相关替代物的模式作物系统和技术，新的表型方法及人工智能在育种中的应用。

在支撑技术方面，开发新的植物育种工具（CRISPR-Cas 技术），改进作物转化，部署新的高通量基因分型和表型技术。合作目标包括：高效灵活的基因组编辑技术，下一代转化技术，单株、基于细胞的高通量基因分型平台，田间和受控环境下的无损、高通量植物表型鉴定技术，自动组织取样技术，用于土壤成分和小气候现场连续表征的传感器平台。

在生物制品方面，应用先进的基因组学工具来识别微生物和菌群，提高农业经营水平和对非生物、生物胁迫的耐受性。合作目标包括：通过多种微生物文库筛选新的昆虫、病害、线虫和杂草防治活性物质、微生物产品和输送系统的改进或稳定化。

在数字解决方案方面，创建差异化、预测性的农业工具，为种植者提供操作性指导。合作目标包括：改进无人机和卫星成像数据分析，用于植物健康诊断、病虫害压力与产量预测；部署用于土壤特性和小气候现场连续监测的传感器平台；机器学习与人工智能。

在作物保护方面，不断在保护作物的新活性成分和配方领域进行创新。合作目标包括：具有新颖作用方式的天然或合成的害虫防治活性物质，改进的配方和输送系统，改良的种子应用技术。

⑤重点种子产品：科迪华种子部门开发和供应融合优良种质和先进性状的商品种子，其重要种子品牌及性状技术见表 16。

**表 16　科迪华重要种子产品**

*Products and Brands*

The seed segment's major brands and technologies, by key product line, are listed below：

| 作物解决方案 | Pioneer；Brevant seeds；Dairyland Seed；Hoegemeyer；Nutech；Seed Consultants；AgVenture；Alforex；PhytoGen；Pannar ；VP Maxx；HPT；G2, Supreme EX；XL；Power Plus |
| --- | --- |

| | |
|---|---|
| 解决特性和技术 | ENLIST E3 soybeans；ENLISTE cotton；EXZACTTM Precision Technology；HERCULEX Insect Protection；Pioneer brand hybrids with Leptra insect protection technology offering protection against above ground pests；POWERCORE Insect Trait Technology family of products；Pioneer brand Optimum AcreMax family of products offering above and below ground insect protection；REFUGE ADVANCED trait technology；SMARTSTAX Insect Trait Technology；NEXERA canola；Omega - 9 Oils；Pioneer brand Optimum AQUAmax hybrids；Pioneer brand A Series soybeans；Pioneer brand Plenish high oleic soybeans；Express *Sun* herbicide tolerant trait；Pioneer brand products with Pioneer Protector technology for canola, sunflower and sorghum；Pioneer MAXIMUS rapeseed hybrids；Qrome corn products；Clearfield canola；PROPOUND；Conkesta；Conkesta E3 soybeans；W ideStrike Insect Protection；W ideStrike 3 Insect Protection |
| 其他 | LumiGEN seed treatments，LUMIDERM，LUMIVIA and LUMIALZA；GRANULAR；ACREVALUE：Granular Insights（e. g. LANDVisor） |

⑥创新策略：深入了解生产者和消费者需求，并通过数字化管理和分析对需求快速反应。通过与农民深入沟通交流，将其科学技术应用到综合方案的开发，满足当下需求的同时，构建丰富且更关注未来的产品线。科迪华专注于客户驱动的创新，凭借其庞大的数字化数据集和种子田间管理解决方案，能够高效管理其田间作业，并快速、有效地从数据中获取见解，对不断变化的客户需求做出快速反应，并为研发部门提供大量的数据，以便分析和整合到资源分配决策中。科迪华种子部的研发组和供应链组通过无缝对接，以选择和保持产品特性，提高其种子产品和解决方案的质量。

提供一体化解决方案。重点侧重于从根本上重新规划解决方案中各部分的协同工作，并通过开放创新平台等举措在种质资源、转化技术、CRISPR-Cas 基因编辑技术、分子标记、表型能力等方面与世界各地科学家开展合作，征求来自内部和外部的意见。

作为全球农业的领导者展望未来。基于农业数字化技术，新种子产品开发工具，例如，在 CRISPR-Cas 基因编辑，下一代作物保护产品（包括那些能够被应用到少量和有机农业领域的产品和技术等）等方面都有很好发展潜力的预判，提前部署相关技术攻关。

⑦在中国的发展：科迪华在中国设有 3 个办公室及办事处，分别位于北京、上海和台北，拥有 2 家合资企业（山东登海先锋种业有限公司和敦煌先锋种子合资公司）、6 处生产基地、19 座研究和试验设施，超过 3 000 家渠道用户和 1 000 名员工，业务覆盖 28 个省（区、市），服务了 1 000 万农户。在中国，科迪华提供涵盖

种质资源、生物技术性状、植物保护、种子应用技术和数字化农业等领域的中短期解决方案，在中国有2个研发中心，其中，种子业务的研发中心位于北京，主要是通过杂交育种的手段，培育更高产抗虫的玉米品种，在上海的研发机构则主要针对农药业务，包括测试农药性状的机构和设备，目前，农药的两大研发驱动点分别为化合物研发及天然成分提取。隶属科迪华前身的杜邦先锋在华培育出50余个"先玉"品牌杂交玉米品种，推出先玉335、先玉688、先玉1171、先玉1483、先玉1486、先玉1466和先玉1141等一系列拳头产品，产品覆盖东北、内蒙古等地的春玉米带和黄淮海地区的夏玉米带。此外，还将"先锋青贮全过程管理"服务模式引入中国，帮助国内规模型青贮单位制定提高产奶量的解决方案。

未来，科迪华在中国将积极部署数字化农业的合作与研发，将与无人机制造、卫星数据处理和电商流通等领域企业保持开放合作，为飞防开发专用产品和剂型，推动植保飞防行业制定统一标准；与中国卫星数据供应商及中国农业科学院等研究机构合作，协作推动育种、基因编辑等前沿技术研究。

（3）先正达集团股份有限公司　先正达集团股份有限公司（以下简称"先正达集团"）是全球领先的农业科技公司，成立于2000年，由阿斯特拉捷利康的农化业务捷利康农化公司与诺华的作物保护和种子业务合并组建而成，总部设在瑞士巴塞尔，2017年被中国化工集团收购，2020年，中国中化集团与中国化工集团实施联合重组，并宣布将下属全部农业板块资产进行战略重组，形成了全新的先正达集团。作为总部在瑞士的中资企业，完成重组后的先正达集团，包括四大业务单元，即总部位于瑞士巴塞尔的"先正达植保"、总部位于美国芝加哥的"先正达种子"、总部位于以色列的"安道麦"和总部位于中国上海的"先正达集团（中国）"。先正达集团以世界一流的科学技术进行创新，以保护农作物和改良种子，为农民提供技术、知识和服务，可持续地为世界提供更好的粮食、饲料、纤维和燃料；其业务遍及全球100个国家和地区，拥有约48 000名员工，有5 000多人从事研究和开发工作，每年先正达集团投资于研发的经费超过10亿美元。2020年，先正达集团农业种子和性状业务销售额达$3.193×10^5$百万美元，居全球种业企业第三位。

①种子销售情况：先正达集团2020年种子销售额约为32亿美元，提供了广泛的作物组合，特别是玉米、大豆、向日葵、谷物和蔬菜。该公司的花卉业务是全球的主要参与者之一，其种子业务为农业行业提供了最广泛的种质资源库和强大的下一代性状研发渠道。

从种子类别来看，玉米、大豆和蔬菜销售额增势明显，花卉种子销售额有所下降。2020 年，在玉米和大豆种子销售方面，主要品牌是 AGRISURETM、GOLDEN-HARVEST 和 NK，销售额增长了 5%；在多种大田作物销售方面，主要品牌是 NK 油菜籽，销售额增长了 2%；在蔬菜种子销售方面，主要品牌是 ROGERSTM、S&G，销售额增长了 5%；在花卉种子销售方面，主要品牌是 GOLDSMITH SEEDS、YODER 和 SYNGENTA FLOWER，花卉种子销量下降了 3%（表 17）。

表 17　2018—2020 年先正达集团种子销售额　　　　　单位：$1×10^6$ 美元

| 类别 | 2018 年 | 2019 年 | 2020 年 |
| --- | --- | --- | --- |
| 玉米和大豆 | 1 679 | 1 632 | 1 706 |
| 多种大田作物 | 659 | 619 | 635 |
| 其他种子 | 18 | 12 | 5 |
| 蔬菜 | 653 | 621 | 653 |
| 花卉 | 200 | 199 | 194 |
| 总和 | 3 209 | 3 083 | 3 193 |

从地域来看，北美市场和亚太地区表现良好。欧洲、非洲和中东地区的销售额增长了 2%，北美地区销售额增长了 10%，拉丁美洲的销售额持平，亚太地区（包括中国）的销售额增长了 17%（表 18）。

表 18　2018—2020 年先正达集团种子区域销售额　　　　　单位：$1×10^6$ 美元

| 区域 | 2018 年 | 2019 年 | 2020 年 |
| --- | --- | --- | --- |
| 欧洲、非洲和中东 | 1 038 | 982 | 1 003 |
| 北美地区 | 929 | 738 | 811 |
| 拉丁美洲 | 737 | 741 | 740 |
| 亚太地区（含中国） | 397 | 343 | 400 |
| 其他 | 8 | 80 | 45 |

②研发投入：2020 年，先正达集团研发支出总额为 13.24 亿美元，其中，包括已资本化的内部产品开发成本 3.55 亿美元（2019 年 3.44 亿美元），较 2019 年增长了 4.9%（表 19）。2019 年，先正达集团在伊利诺伊州唐纳斯格罗夫开设了一个新的全球和北美种子办事处，便于更接近美国的玉米和大豆客户；同年，在位于美国艾奥瓦州的 Nampa 研发和种子生产设施中启用了新的价值 3 000 万美元的性状转化加速器，将有助于加快新的优良玉米杂交种的研发进程；在荷兰恩库伊岑，先正达

集团开设了一个新的种子创新中心，旨在加速可持续蔬菜育种，加快全球芸薹、菠菜、豌豆和豆类创新。先正达集团在全球的主要研发中心及其核心能力见表20。

表19 2018—2020年先正达集团研发投资　　　　　　　　单位：$1×10^6$美元

| | 2018年 | 2019年 | 2020年 |
|---|---|---|---|
| 研发投资 | 1 311 | 1 262 | 1 324 |

表20 先正达集团全球主要研发中心概况

| 序号 | 中心位置 | 所在国家 | 核心能力 |
|---|---|---|---|
| 1 | Beijing Research Center | 中国 | 生物技术 |
| 2 | Enkhuizen | 荷兰 | 蔬菜和花卉育种 |
| 3 | Gilroy | 美国 | 花卉育种 |
| 4 | Greensboro | 美国 | 配方、产品安全、环境科学 |
| 5 | Jealott's Hill | 英国 | 化学、生物安全 |
| 6 | Research Triangle Park（RTP） | 美国 | 生物技术 |
| 7 | Saint-Sauveur | 法国 | 分子标记实验室 |
| 8 | Stein | 瑞士 | 化学、种子护理 |
| 9 | Syngenta Research and Technology（R&T）Center, Goa | 印度 | 化学 |
| 10 | Uberlândia | 巴西 | 玉米和大豆育种 |
| 11 | CLINTON | 美国 | 生物评价 |
| 12 | BAD SALZUFLEN | 德国 | 油菜和大麦育种 |
| 13 | GHENT | 比利时 | RNAi（gene）研究 |
| 14 | SLATER | 美国 | 玉米和大豆育种 |
| 15 | STANTON | 美国 | 玉米育种及遗传学 |
| 16 | SARRIANS | 法国 | 水果、蔬菜育种 |
| 17 | WOODLAND | 美国 | 蔬菜育种 |

先正达种子公司在70多个国家（地区）拥有10 000名员工，其研发部会集了科学家、育种家和数据分析专家，将数学、遗传学、生理学和农学相结合，并与全球400多所大学、研究机构和商业组织开展合作，合作领域包括种子技术、支持利用农艺数据的数字工具和平台，创造出量身定制的种子，帮助农民做出更明智的种子选择决策、评估土壤特征和确定种植区，更好地管理风险并实现投资最大化。

③研发进展：培育出多种高产、优质、高效、具有可持续性的新作物品种。通过基因组编辑技术来加快主要农作物的创新速度，包括玉米、大豆和蔬菜。2019年，先正达集团推出了紫皮 YOOM 鸡尾酒番茄，该品种不仅有独特的鲜味，而且在产量和保质期方面表现良好。在 2018 年田间试验之后，先正达集团推出了一种能生产出 100%适销菜头的白色花椰菜品种（其他商业花椰菜品种为 65%），该品种有助于减少整个食品供应链的食物浪费，确保土地、水、肥料和劳动力等资源的可持续利用。通过杂交获得更高效和环境可持续的小麦，2019 年，先正达集团的杂交小麦候选品种纳入了法国和丹麦的正式商业登记前试验。先正达集团创造出高产和强劲活力的大麦杂交品种 HYVIDO，该品牌成为杂交大麦种子领域的领导者。先正达集团开发了 Enogen 玉米酶技术，可提高乙醇产量并直接在谷物中提供 α-淀粉酶，预计将为当地种植者带来约 2 850 万美元的额外收入。先正达集团 ENOGEN 饲料玉米提高了淀粉和有机物的消化率，使肉牛和奶牛养殖的饲料效率提高 5%，有望促进动物生产系统的可持续性，目前正在进行更大规模的饲养试验，同时测试其用于猪和家禽的饲料喂养。

提供了应对潜在性虫害胁迫的技术。AGRISURE DURACADE 玉米性状具有独特的作用模式，可以有效控制玉米根虫，为农民提供了一种新的性状轮作选择。2019 年，欧盟批准该玉米进口用于食物或饲料。AGRISURE VIPTERA 玉米性状是目前巴西唯一对抗秋季黏虫的完全功能性状，是北美玉米产业中最好的地上昆虫防治品种。

开拓数字科学研究，加强数字工具和平台研发。建立数据科学方面的开拓性能力，以使农民能够管理风险并最大限度地增加投资。E-LUMINATE 是利用广泛的农艺数据，帮助农民做出更明智的种子选择决定的独家数字产品。E-LUMINATE 使种子顾问能够快速评估田间特性并选择基于现场的最佳产品和管理实践。该技术使用基于 GIS 地图即时评估土壤特性，并提供杂草、病害和昆虫胁迫的具体细节，推荐出每种田间条件下表现一致的种子。2018 年，先正达集团研发出高分辨率卫星图像工具 FarmShots，并发布了使用 FarmShots 的田间指导，用于寻找洪水退去时的裸露地面，确定重新种植区域，并提供发现氮缺乏的工具。

提供集成解决方案帮助种植者以最少用水量最大限度提高生产力。2012 年，先正达集团与作物灌溉设备制造商 Lindsay 合作开发了一种集成解决方案，将其研发的抗旱种子、量身定制的作物保护协议和水资源管理实践与地上、地下环境传感器和自动灌溉相结合。在美国玉米种植带不同地区的试验结果显示，即使在干旱条件下，产量也比使用传统系统的地块高出 10%~20%。

④未来研发重点：先正达集团承诺从 2020 年起在 5 年内投资 20 亿美元实现可持续农业突破，每年 2 项新的可持续技术突破，力争在作物和环境中残留量最低。

绿色增长计划。先正达集团于 2020 年 6 月推出了一项新的绿色增长计划（2020—2025 年）。该计划将应对气候变化和生物多样性丧失的紧迫性置于农业生产未来和全球经济复苏的核心。根据新的绿色增长计划，先正达集团作出到 2025 年的 4 项承诺和目标。一是加快创新为农民提供解决方案，使农业更具弹性和可持续性；二是致力于碳中和农业，同时继续努力提高生物多样性和土壤健康；三是加强现有承诺，帮助人们在其工作实地环境中保持安全和健康；四是希望与其他国家合作，通过就农业创新对农民、自然和社会的价值进行公开对话，来实现这些承诺（图 4）。

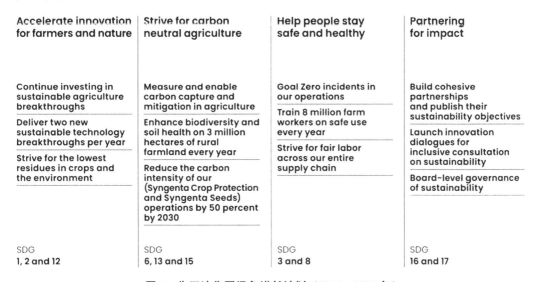

图 4　先正达集团绿色增长计划（2020—2025 年）

未来农场。未来农场（Farm of the Future）于 2020 年成立，专注于数字农业，包括帮助确定土壤类型、种子选择的算法、用于病害检测和预测的传感器及用于精确杂草控制的无人机。未来农场广泛使用航拍图像、传感器、可编程设备和其他数字技术。先正达集团使用实地研究产生的数据来开发产品，并通过其 Cropwise 数字农业平台收集可以与客户分享的解决方案。未来农场正在进行的项目包括：一是病害建模。该项目将记录温度、降水量、湿度等的气象站与收集病害建模数据的病害捕获设备结合使用，目前正在评估这两种技术一起使用时如何提供集成视图。二是种子选择器算法。利用先正达集团专有种子选择器算法根据土壤类型推荐的玉米杂交种，其性能评估优于对照组，该项目现在正在扩大到超过 260 英亩*的 8 个玉米杂交种。三是杀菌剂应用。使用地面喷雾器和无人机对 20 英亩玉米作物的杀菌剂应用试验评估显示，地面喷雾器在容量和喷雾宽度方面具有优势，但两者没有产量差异，表明无人机更为适合有针对性的应用。四是杂草逃逸。通过无人机图像识别大豆田内部及周围杂草扩散的能力（称为杂草逃逸），并创建处方，通过无人机在所需地方使用除草剂。五是土壤分类。探索使用传感器进行土壤分类的方法，收集的数据将确定田间土壤类型发生变化的区域，并根据土壤类型的变化来制定播种和施肥的可变比率处方。六是大豆种群。根据土壤类型和种植日期评估理想的大豆种群或每英亩的种子数。七是优化氮的使用。Bin Buster 项目旨在阐明有助于优化氮应用的技术和实践，深入研究土壤健康以及如何使用传感器等数字工具来确定土壤特性，将有助于建立用于监测土壤健康、适当调整氮肥率并跟踪可持续性改进的指标。

⑤重点种子产品：先正达集团采用现代育种技术研发出了优质的种子，包括玉米、小麦、大麦、油菜等多种大田作物以及丰富的蔬菜和花卉（表21）。

**表21　先正达集团主要种子品牌**

| 商标 | 描述 | 主要应用国家 | 市场地位 |
|---|---|---|---|
| Hyvido | HYVIDO 是杂交冬大麦种子品种的总品牌（umbrella brand） | 德国、法国、英国 | HYVIDO 杂交种子技术提供出色的产量 |
| NK | 全球大田作物品牌 | 加拿大、法国、英国、美国等全球 | NK 是全球大田作物种子的领导者，在玉米和油菜籽排名第三 |
| GoldenHarvest Corn | 在北美的玉米品牌 | 美国 | 市场上最具创新性的玉米 |
| AgriPro | 北美自由贸易区的谷物种子 | 北美地区 | 优质小麦和大麦品种 |
| C.C. BENOIST | 法国谷类作物种子 | 法国 | 优质小麦和大麦品种 |

---

\* 1 英亩＝4 046.864798 平方米。全书同。

（续表）

| 商标 | 描述 | 主要应用国家 | 市场地位 |
|---|---|---|---|
| syngenta | 英国谷类作物种子 | 英国 | 优质小麦和大麦品种 |
| SG | | 全球 | 蔬菜种子 |

⑥创新策略：

一是实施绿色增长计划，以可持续性作为其业务和创新的中心。为确保植保和种子业务获得长远发展，先正达集团制定了一系列战略，绿色增长计划是其核心要素之一。该计划围绕农业和地球生态系统未来亟待改善的重要领域，确立了六大承诺。2013 年，先正达集团在全球启动了"绿色增长计划"，提出了截至 2020年实现的致力于农业可持续发展的六大承诺。2020 年绿色增长计划（2016—2019年）第一期结束，先正达集团提前 1 年实现了大部分承诺目标（图 5）。新成立的先正达集团制定了更高的目标，以 2025 年为目标年，制定了 4 项新的承诺，包括在可持续农业领域投资 20 亿美元，每年推出 2 项突破性技术等（图 6）。

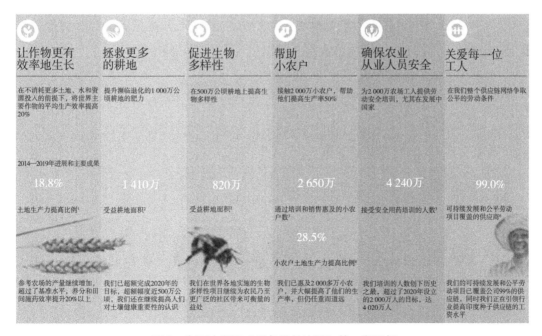

图 5　先正达集团"绿色增长计划"第一期目标

加速创新，造福农民和自然环境

**20亿**

投入20亿美元用于可持续农业的突破性创新

每年推出2项突破性的可持续技术

全力实现作物和环境中的最低残留

致力于碳平衡农业

衡量和实施农业碳捕获和碳减排

**300万**

每年在300万公顷耕地上提高生物多样性和改善土壤健康

到2030'年，将公司经营产生的碳排放强度减少50%

帮助农业从业人员保障安全与健康

企业运营实现"零事故"

**800万**

每年为800万农业工作者提供安全用药培训

在整个供应链致力于实现公平劳动

图6 先正达集团"绿色增长计划"2025年目标

二是高度重视数字技术，发挥数据的价值。

先正达集团积极倡导开放数据，与开放数据研究所（ODI）合作多年，将最佳实践标准应用于数据，方便其他利益相关者使用。通过"绿色增长计划"收集的海量数据，加强了分享和访问的便捷性，为学者和其他合作伙伴贡献出更丰富、更知情、更有用的见解。此外，先正达集团还联手全球农业和营养开放数据协会（GODAN），旨在建立一个共同的衡量标准，让研究人员对先正达集团组合和交换数据的方式进行标准化处理，进一步提高其洞察力（图7，图8）。

图7 先正达集团性状平台

**图8　先正达集团 RNA 开放数据**

三是通过密切的国际合作，扩大可持续农业实践和国际影响。

先正达集团与全球大学、研究机构以及私营企业有 400 多项合作，利用众包平台采用外部开放创新模式，吸引跨多个学科的外部研究团队。2019 年，与大自然保护协会（TNC）共同宣布的"以自然环境为导向的创新"全球项目合作，将其研发能力和 TNC 的环境科学和保护专业知识结合起来，以扩大可持续农业实践。通过与 Solidard 网络的合作，致力于在一些发展中国家大规模实施可持续解决方案。通过与巴西马图格罗索的 Soja+Verde 项目，帮助农民改善其土地上野生物种的联通性，帮助建立更适合的野生动物廊道；在中国，先正达集团与农业农村部全国农业技术推广服务中心建立合作，加强农民培训，改善其用药方式和耕作方法。此外，通过收购，形成战略合作，增强其投资组合。先正达集团通过收购 Varinova 的仙客来扩大了花卉产品，加强了在仙客来市场的地位。

⑦在中国的发展：先正达集团中国成立于 2020 年 6 月 19 日，作为中国最大的农业投入品供应商以及领先的现代农业综合服务平台运营商，下设植保、种子、作物营养、现代农业技术服务平台（Modern Agriculture Platform，MAP）与数字农业四大业务单元。先正达集团中国总部位于上海，有 14 000 名员工，2019 年，销售额达 56 亿美元。主要业务包括作物保护业务，即安道麦中国、先正达作物保护（中国）和江苏扬农化工集团，种子业务为中国种子集团、先正达种子（中国）、中化化肥和现代农业平台（MAP），提供领先的作物保护产品、种子和作物

营养组合，提供帮助农民生产更好的作物以及更可持续农业实践的农场服务解决方案模型。

先正达集团中国作物营养业务以中化化肥作为运营平台，业务覆盖研发、生产、销售、农化服务全产业链，销售范围覆盖中国95%的耕地面积，是中国领先的农资投入品分销服务商。

先正达集团中国种子业务单元由先正达中国种业、中种集团、安徽荃银高科种业股份有限公司等组成，销售规模位居行业前列，覆盖玉米、水稻、小麦、蔬菜四大作物品类，拥有领先的现代化种子加工中心和研发创新中心。

先正达集团中国 MAP 与数字农业业务以中化现代农业有限公司作为运营平台，推广 MAP 模式，在全国布局建设 MAP 技术服务中心和 MAP 示范农场，开发应用 MAP 数字农业系统。目前，MAP 拥有 276 个 MAP 技术服务中心和 330 个 MAP 农场，覆盖 28 个省（区）服务、780 万亩耕地、1 339 名农艺师、881 家 MAP 乡村服务站，服务带动近 4 万农户，累计发放助农贷款 5.67 亿元，综合费率低于 9.6%。MAP 与超过 200 个合作伙伴共同搭建起了颠覆式的以农户为中心的生态圈，2020 年销售额达 7 亿多美元。

| 植保 | 种子 | 作物营养 | MAP与数字农业 |

图 9　先正达集团中国业务

（4）巴斯夫　巴斯夫为德国的化工企业，也是世界最大的化工厂之一。巴斯夫集团在欧洲、亚洲、南北美洲的 41 个国家拥有超过 160 家全资子公司或者合资公司。在全球 90 多个国家（地区）设置 6 个一体化工厂和 241 个生产工厂，产品涉及农业、汽车与运输、电子电气、涂料等多个领域，其中农业业务内容主要包括作物保护与种子、数字农业、公共卫生和城乡害虫防治等。业务范围涵盖化学品、材料、工业解决方案、表面处理技术、营养与护理以及农业解决方案六大方面。

①种子销售情况：巴斯夫 2020 年的销售额约为 590 亿欧元，其中，农业解决方案部全球销售额达 76.6 亿欧元。巴斯夫种子和性状业务保持增长，销售额为 14.95 亿欧元，同比增长 2.8%。农药销售额 61.65 亿欧元，同比下降 3.1%。除杀虫剂销售额（达 8.25 亿欧元）同比增长 3.1%外，其他各产品类型的销售额均出现下滑。

②研发投入：2020 年，巴斯夫总投资 486.9 亿欧元，其中，企业研发投资 208.6 亿欧元。农业解决方案投资金额为 4.22 亿欧元。按投资市场划分，欧洲市场投资占比 54%，北美市场投资占比 29%，亚洲市场投资占比 14%，其他地区占 3%。

③研发进展：巴斯夫生物育种技术和平台开发的研究进展主要表现在：先进的育种技术包括基因工程和选择性基因编辑技术、表型数据分析平台和基因鉴定平台。专注于提高作物产量和品质，提高作物抗病能力和耐恶劣环境的植物特性。

④未来研发重点：2020—2023 年，巴斯夫提出了阶段性可持续的农业解决方案，方案由可持续性标准驱动的研发过程实现，通过创新优良性状的种子、作物保护产品、新化学产品及新配方等综合而成。

在智慧作物种植方面，巴斯夫于 2020 年加入了 AGROS 计划。这一计划主要通过传感器、植物生理学和人工智能结合的优化栽培方法，聚焦蔬菜等作物的种植，促进技术创新与发展。基于生物育种技术，共同开发 1 个互联的、数据驱动的、自动化的和可持续的生产系统，以满足日益增长的粮食需求，同时保护自然资源。

⑤重点种子产品：巴斯夫的农业解决方案主要在作物保护与种子、数字农业和城乡害虫防治三大方面。

一是作物保护与种子。主要包括杀菌剂、杀虫剂、除草剂、种子处理剂和害虫防治产品（表 22）。

表 22　巴斯夫作物保护及种子产品

| 类型 | 适用范围 | 产品名称 |
|---|---|---|
| 杀虫剂与除草剂 | 水稻病虫害防治和杂草防除 | 除草剂排草丹，杀菌剂欧博、尊保，杀虫剂艾法迪和于 2016 年上市的杀菌剂稻清 |
| 杀虫剂 | 玉米大斑病、茎基腐病、丝黑穗病 | 欧帕、凯润、齐跃、爱丽欧、苞卫 |
| 杀虫剂 | 葡萄霜霉病、白腐病、灰霉病、白粉病 | 百泰、德劲、凯泽、健达、凯津、翠泽等 |
| 杀虫剂 | 马铃薯晚疫病、早疫病 | 百泰、凯泽、健达、凯特、德劲等 |
| 杀虫剂 | 柑橘疮痂病、炭疽病、潜叶蛾等病虫 | 百泰、品润、成标、灭百可等 |
| 杀虫剂 | 香蕉叶斑病、黑星病、炭疽病、轴腐病 | 欧宝、凯润、健达、健武等 |
| 杀虫剂 | 苹果轮纹病、炭疽病、斑点落叶病、腐烂病、金纹细蛾等病虫害 | |

（续表）

| 类型 | 适用范围 | 产品名称 |
|---|---|---|
| 除草剂 | 针对小麦、硬质小麦和大麦 | 首款具有新型作用模式的除草剂 Tirexor，含有活性成分三氟草嗪（trifludimoxazin） |
| 种子 | 油菜 | "300 系列" InVigor，未来 5 年推出 LibertyLink 黄籽油菜 |

二是农业数字化解决方案——xarvio SCOUTING 和 xarvio FIELD MANAGER。xarvio SCOUTING 具有杂草识别、黄色陷阱分析（轻松分析黄色昆虫监测陷阱，检测存在的物种和种群密度）、作物病害识别、氮量估测、叶损伤检测、地区灾害监测以及灾害预警功能。xarvio FIELD MANAGER 是一个移动应用程序，具有田间监测、喷洒管理、区域喷雾管理功能。

三是城乡害虫防治解决方案。相关产品包括控制大田作物的啮齿动物损害防治，以及家庭、食品场所和企业的清洁和无虫害方案。涉及农业的包括农场养殖的虫害控制，玉米、水稻等粮食作物的害虫防治。

⑥创新策略：巴斯夫的农业创新策略主要在创新作物组合产品和农业数字产品方面。创新作物组合产品，巴斯夫的创新驱动农业战略主要针对 4 种作物的组合，分别是：大豆、玉米和棉花，北美洲和欧洲的小麦、油菜和向日葵，亚洲的水稻，全球范围的蔬菜和水果。农业数字产品：xarvio 是巴斯夫公司推出的数字农业服务平台，包括 3 个主要产品：xarvioSCOUTING、xarvio FIELD MANAGER 和 xarvio HEALTHY FIELDS，目前这 3 个产品的使用者已遍及全球 100 多个国家。巴斯夫以 xarvio（巴斯夫公司的数字农业服务平台）为纽带，借助 xarvio HEALTHY FIELDS 将其最新农药和种子产品推向市场。

⑦在中国的发展：巴斯夫在中国秉承持续创新、数字技术、产品和作物多元化的发展理念。2020 年，巴斯夫在大中华区的销售额约为 85 亿欧元，员工人数为 8 948 名。目前，大中华区是巴斯夫全球第二大市场，仅次于美国。巴斯夫在大中华区拥有 28 个主要全资子公司、7 个主要合资公司以及 24 个销售办事处。巴斯夫主要的生产基地位于上海市、南京市和重庆市，而上海创新园更是全球和亚太地区的研发枢纽。

在中国及亚太地区，巴斯夫采取的农业发展策略主要从种子和特性、研究以及育种能力方面开展，以保护植物免受真菌病害、虫害和杂草，改善土壤管理和植物健康。2021—2025 年，投资将超过 9.5 亿欧元用于发展中国家扩大基础设施建设，提高活性成分和种子溶液的配方制作和生产能力。

针对中国水稻病虫害防治和杂草防除需求，巴斯夫提供创新、灵活的解决方案，主要包括除草剂排草丹，杀菌剂欧博、尊保，杀虫剂艾法迪和于 2016 年上市的杀菌剂稻清。在中国，每年经过巴斯夫处理的水稻面积约达 1 000 万亩次。巴斯夫作物保护从多个层面给予水稻种植者专业技术支持，帮助种植者增加产量，提升种植收益。

巴斯夫玉米解决方案，以专利的产品组合和崭新的植物保护理念为实现途径。以增强施肥效率、提升发芽率和幼苗活力以及优化杂草管理、病害防治，最终实现高产优质，降低种植风险，提高机械采收效率。

2015 年，巴斯夫在中国启动了马铃薯主粮化战略，马铃薯将成为除稻米、玉米、小麦外的又一主粮。中国马铃薯的主产区是西南山区，西北、内蒙古和东北地区。黑龙江省是中国最大的马铃薯种植基地。针对作物病菌，例如，霜霉病、晚疫病、灰霉病及番茄（马铃薯）早疫病等，巴斯夫作物保护部提供创新的解决方案，包括百泰、凯特、德劲、凯泽等产品。

（5）利马格兰　利马格兰（Limagrain）集团是一家国际性的农业合作社集团，由法国农民于 1942 年在奥弗涅地区（位于法国中部）成立，距今已有 70 年的发展历史。利马格兰专业致力于大田种子、蔬菜种子与谷物产品，在全球农业与农产品加工业中具有持续的影响力。利马格兰在种业领域位居世界第四，其中，大田种子位居世界第四，蔬菜种子位居世界第二。

利马格兰集团其他产品还包括旗下 LCI 公司生产的功能性面粉，这种面粉处于欧洲领先水平，可适用于农产品的各个加工领域，尤其在婴儿食品方面。LCI 公司还生产 100% 可降解、100% 可堆肥的农业地膜。此外，Jacquet-Brossard 是利马格兰集团旗下的一个子公司，专门经营烘焙系列食品，在法国面包糕点业市场中位居第三。

①种子销售情况：据利马格兰发布的全球种业 2020 年年报显示，2019—2020 财年，利马格兰销售额位居全球第四，销售额约 16 亿美元。其中，大田种业销售额约为 6 亿欧元，全球排名第六位，蔬菜种业销售额约为 7 亿美元，全球排名第一位。

利马格兰有 4 个业务单元从事大田种子的经营，包括 HM-科劳斯种业有限公司（HM. CLAUSE）、海泽拉—尼克森种业有限公司（Hazera）、威马种业有限公司（Vilmorin）和米可多种业有限公司（Mikado Kyowa Seed）。利马格兰控股子公司

Vilmorin & Cie 在多个全球战略品种（番茄、辣椒、花椰菜和胡萝卜）以及罐头和冷冻食品市场品种（甜玉米、豆类、豌豆）上表现出色。北美的活动尤其活跃，而亚洲的情况则相反。财年业绩使 Vilmorin & Cie 巩固了其作为世界第一大蔬菜种子公司的地位。

②研发情况：利马格兰在全球有超过 50 个大田种子研究中心，其最大的研究中心是位于法国奥弗涅 Auvergne 的 Chappes 研究中心。Chappes 研究中心主要开展利马格兰和 Biogemma 生物技术公司的大田种子研发工作。此外，利马格兰还拥有全球最大的植物基因型分析实验室。

2019—2020 年，利马格兰的研发经费投入约 1.65 亿欧元，约 20% 的经费用于植物生物技术的研发投入，在全球拥有近百个研究站点。利马格兰开展了大量研发合作。在大田种子领域，利马格兰是生物技术公司 Biogemma 最大的控股股东，与 KWS 种子公司合作建立法德合资企业 Genective 来研发转基因玉米性状。在蔬菜种子领域，利马格兰与荷兰 KeyGene 公司合作开展植物生物技术研发。在全球的众多研发合作伙伴还包括美国的 Arcadia、以色列的 Evogene、法国的 GIS Biotechnologies Vertes、法国农业科学研究院（INRA）、澳大利亚联邦科工组织（CSIRO）、中国农业科学院（CAAS）、美国加利福尼亚大学戴维斯分校、以色列希伯来大学、英国约翰英纳斯中心、德国马普研究所、荷兰瓦赫宁根大学及研究中心等。

③重点产品：利马格兰的大田种子产品主要包括玉米、小麦、葵花籽、油菜籽，其中，玉米和小麦种子是利马格兰在全球进行重要部署的重点产品。

玉米种子是利马格兰集团的战略性作物，在全球的种植面积近 500 万公顷，其中，欧洲出售的 75% 玉米种子中有一半产自利马格兰。目前，利马格兰有 400 多个玉米品种以 LG 和 Advanta 品牌在欧洲销售，有 300 多个玉米品种以 AgriGold、LG-Seeds、Great Lakes Hybrids、Pride、ProducersHybrids、Wensman 等品牌在北美洲销售。在玉米领域，其研发预算的 80% 用于新品种的开发，20% 用于生物技术工具开发。

利马格兰的小麦产品全方位覆盖了小麦产业链（从基因到成品），在欧洲，以 LG、Nickerson、AGT、LCS 品牌销售的品种达到 100 多个，主要目标是高产、品质改良，兼顾营养健康，如开发预防胆固醇与糖尿病的高直链淀粉小麦。

利马格兰的蔬菜种子销量位列全球第二位。蔬菜种子产品主要包括西红柿、甜瓜、辣椒、胡萝卜、菜豆、花椰菜、洋葱、西葫芦、西瓜、莴苣、黄瓜等。此外，利马格兰是世界第二大番茄育种公司，占全球市场份额的 20%，在全球范围内销售近 500 个品种（表 23）。

表 23　利马格兰重点番茄品种

| 品种名称 | 品种介绍 | 品种优点 |
|---|---|---|
| LG corn 32.58（2004） | 该品种用于动物饲料，销售商标为 LG，来自两个专利品种的杂交 | 产量高、早熟、抗倒伏 |
| ALLEZ-Y wheat（2011） | 该品种用于面粉烘焙行业，销售商标为 LG | 高产、耐寒，抗麦红吸浆虫、高蛋白质含量 |
| ODYSSEY barley（2012） | 该品种用于啤酒和威士忌酒生产，销售商标为 LG | 高产、抗大麦叶枯病和白粉病，低蛋白质含量、适于酿酒 |
| LG sunflower 54.85（2012） | 该品种为亚麻油酸品种，用于生产调味油，销售商标为 LG | 超高产、开花期早，抗列当，寄生，耐涝 |

④创新策略：一是生物育种技术，利马格兰正专注开发针对各种植物的生物技术——双链单倍体生产、高通量分子标记、转基因技术和基因编辑技术，主要针对各种农作物，例如玉米、小麦、大麦、油菜、向日葵以及 20 多种蔬菜。二是种子研发，利马格兰正专注于研究 10 多种中耕作物种子和 20 多种蔬菜种子的开发，其中包括在适用于业务范围地区种植的玉米、小麦、番茄、甜椒、辣椒、黄瓜、胡萝卜等。三是农业食品工业，利马格兰设想在该领域实行技术转让和履行其他协议。在 LCI 范围内，利马格兰也是谷物成分供应商、100% 可降解和可堆肥塑料包装（Biolice）的生产商。四是通过利马格兰国际化网络实现知识产权商品化，利马格兰拥有覆盖 40 个国家的网络体系，并在以上三大领域的知识产权商品化方面拥有丰富的经验。利马格兰集团可向中国公司或拥有工厂的机构提供有关这三大领域的多种权利，如让他们有机会许可他人使用其海外权利（包含权利金）或实行共同保护或共同商业化策略。

⑤在中国的发展：1993 年，利马格兰集团开始进驻中国市场，1997 年，在中国正式成立公司。公司的主要业务范围在小麦、玉米与蔬菜种子等领域。公司持续进行研发活动，一方面是开发新产品；另一方面是生物技术、基因组技术的研究与应用。

利马格兰（中国）培育出了一系列适合中国不同地区种植的不同品种，每年成功将 300 多个新品种投放市场，并获得持续增长的销售额。例如，利合 16，是利马格兰在中国的首个早熟杂交品种，完全在中国选育，并于 2007 年获得国家级审定。

适合在中国东北地区、内蒙古以及其他高海拔地区种植。

除了种子培育和谷物改良以外，利马格兰还在生物降解塑料方面有着先进技术。其自主研发的 Biolice 生物可降解塑料可广泛用于地膜等农业生产，该产品已在中国云南等地进行蔬菜地膜实验长达 4 年，并且不久后将会推广到其他省份。Biolice 地膜通过塑料的颗粒与谷物合成，在田里铺上 3 个月后，可通过太阳的光合作用自然降解，使土地和良田免受污染，实现完全降解与堆肥。

未来，利马格兰在中国的创新策略主要包括：一是良好性状的种子的研发。利马格兰正在寻求研究合作伙伴，旨在利用生物育种技术，共同合作开发多种中耕作物种子和一些亚洲特有的蔬菜种子。二是婴幼儿营养功能面粉和其他快速发展的中国农业食品（如粗面粉、玉米粉、谷物结构改进剂和膳食纤维）。

（6）科沃施　德国科沃施集团（KWS）是世界四大植物育种龙头企业之一，具有 150 多年的历史，总部设在下萨克森州艾因贝克。科沃施拥有全球范围内的科研与育种网络，在 50 多个国家（地区）设有 87 家联营公司，业务覆盖全球 70 多个国家。作为农业及食品公司可信赖的伙伴、农民的种子专家，科沃施一直专注于为农民提供优质作物种子，提供从品种开发到品种的繁育和生产，再到营销和分销到世界各地农户的一体化服务，涉及玉米、甜菜。主要运用传统的植物育种方法培育作物新品种，同时，也越来越多地将最新的生物技术融于传统育种之中，实现了平均每年提高作物产量 1%~2%。

①种子销售情况：2019—2020 年，科沃施销售额达 12.83 亿欧元，税前利润 1.37 亿欧元，在全球排名第六位。公司主营业务包括玉米、甜菜、谷物、油菜和向日葵种子，其中，玉米销售额达 7.76 亿欧元，甜菜销售额达 4.92 亿欧元，谷物销售额达 1.91 亿欧元，蔬菜销售额达 0.84 亿欧元。

②研发情况：2019—2020 年，科沃施投入经费约 1.9 亿欧元，占据销售额的 18.4%。研发项目共计 236 项。研发投入项目主要包括阿根廷玉米合作计划（将更多的热带抗病育种材料纳入这项非热带育种计划）、具有良好性状的玉米品种、抗灰斑病的甜菜品种、北美冬小麦育种（具有低蛋白特性）、加拿大黑麦品种、蔬菜与甜菜品种。

③重点产品：科沃施集团主营业务包括糖用甜菜和谷物两大类。具体产品结构包括甜菜和谷类的玉米、小麦、大麦、黑麦、燕麦、黑小麦、高粱以及油料作物和绿肥作物的油菜、向日葵等。蔬菜包括菠菜、红甜菜、瑞士甜菜、番茄、黄瓜、彩椒。

科沃施集团针对不同地区不同国家研发了不同玉米和油菜品种，玉米品种如中国的早熟杂交种（新引 KWS3376 和德美亚 3 号），中晚熟杂交种（新引 KWS 2564），适宜高产机械种植的德美亚 1 号；阿根廷的 K9606VIP3 和 KM3916GLStack/VIP3；澳大利亚的 KWSROBERTINO 等。油菜品种如 KWSMIRANOS、FELICINOKWS、ALLESANDROKWS 等。甜菜中的 CR+品种是科沃施研发的最新一代的高产且强抗病性的产品。杂交黑麦是科沃施主推的重点谷物，具有高产、低 $CO_2$ 排放，可适应低水、低氮种植环境的优良品质，在猪饲料中也具有更高的营养价值与保健功能，产品包括 VITALLO、KWSPROGAS、KWSSERAFINO、KW-STREBIANO 等品种。其他谷物类，例如，小麦 KWSFARO、KWSJOYAU、KWSEX-QUIS、KWSJAGUAR 等品种；燕麦 KWSPURSANT、VODKA、KWSBALIOS、KWSO-PALINE 等；豌豆 KAMELEON、KARPATE、BAGOO、KAGNOTTE 等，都是科沃施的重要产品。

此外，还有一些适于有机种植的品种，例如，玉米品种 FORCALI、KWSEXTASE、KWSSHARKI，大麦品种 KWSJAGUAR、AMISTAR、KWSFANTEX，燕麦品种 VODKA、TIMOKO、KWSSNOWBIRD。有机玉米以早熟为种植目标，其中，KOLOSSALIS 具有良好的收割性能，AMAVERITAS 具有高产品性，KEOPS 具有稳产特性。有机甜菜 JELLERAKWS 具有优良的抗病性。

④创新策略：科沃施的创新策略主要围绕可持续农业的优质种子计划展开。

在品种研发方面，主要针对具有优良性状的种子品种的开发和改良。计划包括高效氮利用率的玉米，能够适应少氮土壤同时保持产量，能够适应贫瘠土壤环境。新一代除草剂耐受型糖用甜菜是 Roundup Ready 糖用甜菜的后续升级产品。杂交马铃薯种子主要是二倍体杂交马铃薯育种，这种马铃薯可以使用种子进行栽培和繁殖。

智慧农业育种技术方面，科沃施主要探索人工智能、无人机技术、传感器技术等相结合的植物特征检测与预警方法，包括远程检测作物特征技术，即利用新技术手段来自动记录植物的某些特征；将数字成像与多种传感器技术和无人机系统相结合的技术，即通过新的表型分析过程优化育种选择，利用航拍图像等方式来快速、准确地捕捉诸如生长高度或潜在疫情暴发等特征。

未来优质作物策略方面，目标是培育具有特殊性状的作物，以更好地适应各种环境条件（耐受干旱、高温或洪水）或改善营养特性。关键技术主要包括基因组编辑、基因组测序和表型组学，用以探索植物基因组成、环境条件和表现型之间的联系。

⑤在中国的发展：科沃施在中国共设有 10 个研发中心，总部在北京市，其余在安徽、黑龙江、吉林等省（区）。目前，最新成立的垦丰科沃施合资公司是主要玉米商业平台。

科沃施将在三亚设立公司。2020 年，在海南自由贸易港第三批重点项目集中签约活动上，海南省农业农村厅、三亚崖州湾科技城管理局、南繁科技城有限公司和德国科沃施种子欧洲股份公司签订四方合作协议。根据协议，科沃施将在三亚设立外商独资公司，投资建设作物种子科技研发中心，开展种子研发、种子及种质资源进出口等业务。

科沃施在中国种子市场的市场占有率约为 3%，是中国玉米育种领域投资最活跃、投资额最高的企业之一，在全国 90 个地区约 10 万块试验小区进行玉米品种试验。在新品种方面，2020 年 12 月，丹农多花黑麦草新品种——安第斯（Andes）通过国家草品种审定。此外，丹农中叶型白三叶品种克朗德（Klondike）和雷司令（Riesling）通过了国家林业和草原局审定，成为国审引进品种。

## 3. 全球种子贸易情况

（1）种子出口情况　据联合国贸易数据库数据统计（表 24），2019 年世界种子出口总额为 131.95 亿美元，种子出口额排名前三位的国家分别是荷兰、美国、法国，3 国的出口额合计为 62.95 亿美元，约占 2019 年国际种子出口总额的 47.71%，将近全球一半的份额。2019 年，中国种子出口额为 2.07 亿美元，占全球出口总额的 1.51%，在全球排名第十七位，出口额排在前三位的是蔬菜种子（1.16 亿美元）、水稻种子（0.63 亿美元）和草本花卉种子（0.17 亿美元）。

表 24　2019 年国际种子出口额 TOP10 国家

| 排名 | 国家 | 出口量（亿吨） | 出口额（亿美元） |
|---|---|---|---|
| 1 | 荷兰 | 10.97 | 27.54 |
| 2 | 美国 | 21.50 | 20.02 |
| 3 | 法国 | 8.70 | 15.39 |
| 4 | 德国 | 2.28 | 6.66 |
| 5 | 丹麦 | 1.82 | 4.96 |
| 6 | 匈牙利 | 2.55 | 3.63 |
| 7 | 意大利 | 0.83 | 3.43 |

| 排名 | 国家 | 出口量（亿吨） | 出口额（亿美元） |
|------|------|----------------|-------------------|
| 8 | 印度 | 3.64 | 2.89 |
| 9 | 智利 | 0.32 | 2.81 |
| 10 | 比利时 | 3.85 | 2.67 |
| 17 | 中国 | 0.24 | 2.07 |

（2）种子进口情况　据联合国贸易数据库数据统计，2019 年世界种子进口总额为 146.57 亿美元（表 25），排名第一位的荷兰种子进口额为 10.94 亿美元，占全球进口总额的 7.46%。中国种子进口额为 4.43 亿美元，占全球进口总额的 3.02%，排名第十二位，进口额排在前三位的是蔬菜种子（2.24 亿美元）、黑麦草种子（0.47 亿美元）、草本化卉植物种子（0.39 亿美元）。

**表 25　2019 年国际种子进口额 TOP10 国家**

| 排名 | 国家 | 进口量（亿吨） | 进口额（亿美元） |
|------|------|----------------|-------------------|
| 1 | 荷兰 | 8.01 | 10.94 |
| 2 | 巴基斯坦 | 21.00 | 9.21 |
| 3 | 美国 | 5.59 | 8.78 |
| 4 | 德国 | 3.21 | 7.39 |
| 5 | 法国 | 1.90 | 6.86 |
| 6 | 意大利 | 7.09 | 6.06 |
| 7 | 尼日利亚 | 2.85 | 5.96 |
| 8 | 马来西亚 | 22.74 | 5.93 |
| 9 | 比利时 | 17.34 | 5.74 |
| 10 | 西班牙 | 3.67 | 5.62 |
| 12 | 中国 | 0.94 | 4.43 |

（3）我国种子贸易情况分析　进出口数据对比发现，荷兰、美国、法国、德国、意大利、比利时等国既是种子出口大国也是进口大国，种子贸易活跃，市场开放度高，是种业强国。

中国为种子贸易逆差国，逆差额为 2.36 亿美元，但这并不意味着中国种业落后，需要客观地认识这一问题。中国水稻、小麦两大口粮作物品种 100% 自给，已形成比较健全的良种繁育和推广体系，育种水平在国际上具有优势。多数蔬菜品种的种子，也具备一定育种能力，解决了"有没有"的问题，但质量上仍不高不强。少量高端的品种是几乎完全依靠国外种苗的品类，例如，白色金针菇种子，部分专门适用于蔬菜大棚种植的种子等。

# 二、主要国家和地区生物种业发展概览

## （一）北美洲

### 1. 美国

美国是最早将生物技术作物商业化的 6 个国家之一，是开发和商业化生物技术作物和性状数量最多的国家。受益于这项技术，自 1996 年以来，美国一直是全球商业化种植生物技术作物的领导者，并将在相当长的一段时间内保持这一地位。

2019 年，美国转基因作物种植面积为 7 150 万公顷，占全球总面积的 38%，主要作物平均应用率为 94%。种植的转基因作物有大豆（3 043 万公顷）、玉米（3317 万公顷）、棉花（531 万公顷）、油菜（80 万公顷）、甜菜（45.41 万公顷）、苜蓿（128 万公顷）、马铃薯（1 780 公顷）、木瓜和南瓜各约 1 000 公顷，以及苹果 265 公顷。美国新批准的生物技术作物和性状包括：阿根廷 HB4 耐旱大豆、具有低棉酚含量 TAM66274 转化体的转基因棉花、防褐变苹果品种 Arctic Gala 等。美国对转基因大豆、玉米和棉花的平均应用率达到 95%。

美国是世界上转基因等生物技术商业化最早的国家，也是最先建立对农业生物技术及产品管理制度的国家，其代表的以产品为导向的监管政策在全球独树一帜。美国坚持"实质等同性"和"个案分析"作为转基因生物的监管原则，以《生物技术的监管协调框架》为基本纲领，构建了以产品为导向的生物技术产品监管制度体系，建立了以农业部、食品与药品管理局、环保局三大管理机构为中心的转基因生物监管组织体系，并制定了一系列相关法律和监管流程。美国对新型植物育种技术的监管，也一直秉承该框架的基本原则和理念，尽力避免为生物技术或产品施加任何不合理的监管负担。2018 年 3 月 28 日，美国农业部已经出台政策指出对基因编辑产品不会进行监管。2020 年 6 月，美国农业部给出了支持性的指南，即可通过监管豁免和未来豁免决定监管状况程序来监管基因编辑产品。美国以最终产品是否含有外源基因或外源 DNA 作为判定是否监管的标准。具体来说，以下情形都不需监管：基因敲除（不论敲除多少个 DNA 碱基或多长的 DNA 片段）；碱基替换；插入（插入的基因或 DNA 是能够通过传统杂交育种获得）；尽管在编辑过程中引入了转基因（编辑载体）但通过自交分离而最终品种不含编辑载体。

## 2. 加拿大

加拿大是全球生物技术作物种植面积排名前五位的国家之一。2019 年，转基因作物的种植面积约占加拿大所有作物播种面积的 18%，约为 1 120 万公顷，主要为油菜籽、大豆、玉米、甜菜和紫花苜蓿，目前尚无转基因小麦、亚麻和苹果的商业化生产。

加拿大出口卡诺拉油菜籽、菜籽油和油菜籽，中国、日本和墨西哥是其三大进口国；出口大豆油和大豆，在过去 6 年中，83% ~ 99% 的豆油出口销往美国；玉米出口到爱尔兰（48%）、西班牙（20%）和英国（14%）的数量位居前三位；出口中国的亚麻籽约占总出口量的 58%。加拿大是转基因作物和产品的进口国，进口作物包括谷物和油菜籽。乙醇生产和畜牧饲料业等行业进口的玉米和大豆来自美国。

加拿大食品检验局（CFIA）、加拿大卫生部（HC）和加拿大环境与气候变化委员会（ECCC）是负责生物技术产品监管和批准的机构，共同监测具有新特性的植物、新食品以及所有以前未用于农业和食品生产的具有新特性的植物或产品的动态。

# （二）南美洲

## 1. 巴西

巴西是全球第二大转基因作物种植国，已有 107 个转基因项目被批准用于商业种植。2019 年，巴西转基因作物种植面积达 5 280 万公顷，包括 3 510 万公顷大豆（首次超过美国转基因大豆面积）、1 630 万公顷玉米、140 万公顷棉花和约 18 000 公顷抗虫甘蔗。银行为农民提供的补贴信贷、大型农业生物技术公司提供的外国投资以及利于生物技术发展的法律框架，都为转基因作物在巴西的广泛种植提供了有力的支持。

巴西是生物技术大豆、玉米和棉花的主要出口国之一。2018 年，巴西对中国农业出口总额达 310 亿美元，其中，270 亿美元为大豆和棉花产品，巴西 80% 的大豆出口到中国，2018 年，出口总额约 8 300 万吨，创历史新高。美国也是巴西出口的主要目的地，主要出口糖、咖啡、烟草、橙汁和木制品等热带产品。巴西的玉米主要出口到伊朗、越南和其他亚洲国家。

巴西拥有自己的转基因生物技术法律框架，并确立了明确的监管框架和机构职能。依据《巴西生物安全法》第 11105 号法律，重组了国家生物安全技术委员会（CTNBio），成立了巴西国家生物安全理事会（CNBS），拟定了《巴西生物安全政策》（PNB），为转基因生物及其副产品在构建、培养、生产、操作、运输、转移、进出口、储存、科研、环境释放、转基因生物释放和商业化等环节设立了安全准则和监督机制。巴西已将转基因授权程序系统化，并延长了国家生物安全技术委员会（CNTBio）作出决定的最后期限，允许申请人提交关于新数据的任何附加信息，以确保申请符合新的条件。

巴西非常重视生物技术的研发，积极推动与跨国种子公司的合作，开发各种转基因植物。

## 2. 阿根廷

阿根廷是继美国和巴西之后的全球第三大转基因作物生产国，种植面积约为 2 400 万公顷，占全球转基因作物总种植面积的 12%。作为阿根廷最重要的经济作物，大豆的种植面积为 1 800 万公顷，其中，99.8% 为转基因大豆。阿根廷大豆经济的目标是出口，20% 的大豆作为全豆出口，而 80% 的大豆被碾碎后作为豆粕或豆油出口。大部分豆油和豆粕出口，剩下的一小部分（占总豆粕和豆油供应的 7%）直接投入本国的饲料行业。

阿根廷于 2020 年 10 月 7 日正式批准 HB4 转基因抗旱小麦的种植和消费，这使该国成为全球第一个批准转基因小麦的国家。HB4 转基因小麦由阿根廷生化公司 Bioceres 和法国生物科学公司 Florimond Desprez 合资开发，其抗旱性状来自向日葵的 HB4 基因。由于对小麦出口风险的担忧，这一批准引发了小麦行业内部的争议。此外，早在 2015 年，阿根廷已完成对 HB4 转基因抗逆大豆的监管流程，该大豆品种成为世界上首个获得批准的抗逆转基因大豆产品。

阿根廷政府继续更新其生物技术管理框架，总的来说，这些更新涵盖了包括基因编辑在内的新的育种技术（NBTs），并取消了对堆叠转基因事件单独审批的要求。这使该国在发展生物技术产业方面具有重大优势。种子版税支付制度的问题仍然存在。阿根廷法律允许农民保存种子，导致转基因种子的知识产权没有保障。近几年，立法机构建立的相关支付方案都没有得到成功的实施。

中国是全球大豆主要进口国，也是阿根廷转基因农产品重要的海外市场，因此中国对转基因农产品的进口批准一直是阿根廷对华贸易的首要工作重心。阿根廷政府规定只有获得中国进口许可之后，转基因大豆品种才可以在阿根廷国内进行商业种植和推广。自2015年以来，阿根廷政府只对转基因大豆和小麦产品给予过有条件的批准。以DBN-09004-6转基因大豆为例，2019年2月，阿根廷生产及劳动部发放了DBN-09004-6转基因大豆（北京大北农生物技术有限公司开发）在该国的种植许可，但直到2020年6月23日，中国发布的《2020年农业转基因生物安全证书（进口）批准清单》中包括了该品种，该转基因大豆品种才开始在阿根廷进行商业化种植。

## 3. 智利

智利是世界第五大种子生产国，美国是其最大的转基因种子市场，但种子开发商和研究人员只能将转基因技术用于研究和繁殖。智利没有转基因作物的商业化生产。

在产品研发方面，智利目前还没有开发出可以在未来5年内商业化的转基因植物。此外，在智利的美国种子公司正在开发抗旱产品，主攻玉米品种，但由于在智利不可能发布任何用于商业用途的研究产品，这些产品被出口到美国和加拿大。

在商业化生产方面，智利是世界第五大种子生产国。10多年来，智利一直在严格的田间控制下繁殖转基因种子（主要包括玉米、大豆、油菜和向日葵），再进行出口。智利目前在世界种子出口国中排名第九位，在南半球排名第一位。

在智利2018—2019年的种子生产季节，该国种植的转基因种子总面积为10 728公顷，比上一季减少了23%。减少的原因是前几季储存的种子较多，北半球对种子的需求减少。

智利在2018—2019年生产的转基因种子可细分为：玉米种子（5 427公顷）占50.6%，油菜种子（3 495公顷）占32.6%，大豆种子（1 804公顷）占16.8%。在该国繁殖的其他转基因种子有番茄、小麦花和芥菜，其总面积约占转基因种子种植总面积的1%。

在进出口贸易方面，以前从美国进口的转基因种子在智利进行繁殖后，主要出口到北半球（美国和加拿大）。在 2018 年的种子生产季，智利向世界出口了总计 3 608 万美元的转基因种子。智利主要从加拿大和美国进口含有转基因成分的加工产品和用于繁殖的转基因种子，从巴西、阿根廷和美国进口转基因玉米和转基因大豆作为动物饲料。要求向智利出口转基因产品的文件必须包含有关种子类型和转基因事件的详细信息。

智利主要监管部门为农业部畜牧与农业服务司（SAG）、卫生部（MOH）和环境部（MOE）。具体职责如下。

SAG，只有在 SAG 的严格控制下，才允许繁殖用于出口的种子。SAG 2001 年的第 1523 号决议规范了这一过程，其中包括田间繁殖、收获、出口生产、保障措施、副产品和废弃物的管理和控制。SAG 逐案审查所有将转基因有机体释放到环境中的请求。

MOH，只有在转基因产品与常规产品存在显著差异的情况下，卫生部才会对转基因产品进行海外注册、审批，并对转基因产品进行标识。根据卫生部颁布的第 115 号行政技术规范第 83 号，卫生部公共卫生研究所（PHI）有权对转基因产品与常规产品的异同进行评估，并决定这些产品是否能在该国获得批准。PHI 还需要确定转基因产品的毒性、致敏性和长期影响。

MOE，根据其 2013 年第 20.417 号法律和第 40 号条例规定，环境部将转基因生物用于不同于种子生产的农业用途，用于出口和研发活动，这些活动都必须经过环境风险评估。

## （三）欧洲

### 1. 欧盟

在科研方面，包括比利时、德国、匈牙利、意大利、荷兰、波兰、西班牙和瑞典以及英国在内的欧盟国家已采用生物技术开发新的植物品种。例如，在比利时，一个研究财团正在开发晚疫病抗性马铃薯。在荷兰瓦赫宁根大学正在研究转基因马铃薯和苹果。然而，由于不确定的监管环境，成员国并未将这些新品种在欧盟内进行商业化。

欧盟唯一批准商业种植的转基因作物是 MON810 玉米。MON810 是在玉米螟虫存在和对生产有害的地区种植的，被当地用作动物饲料。商业化种植转基因玉米的面积限制在欧盟玉米总面积的1%以内，到2020年，欧盟转基因玉米种植面积下降了8.5%，降至10.2万公顷。种植国为西班牙（占总面积的96%）和葡萄牙（占4%）。欧盟进口大量转基因饲料以满足其畜牧业需求。美国是欧盟大豆的主要供应国，其中大部分是转基因大豆。

欧盟对生物技术在农业上的应用一直持谨慎态度，并趋向于更为保守。在欧洲，转基因技术受到严格监管，但欧盟的前身欧洲经济共同体（EEC）在20世纪90年代初就通过了转基因技术的共同体法律。欧洲有关转基因植物的法律几经变更，欧盟成员国制定了共存法。关于有意向环境中释放转基因生物的指令90/220是欧洲第一个管理转基因植物的监管框架，但又分别在2001年、2003年、2010年、2015年和2018年颁布新指令，废除之前的条款，以避免常规和有机作物中意外出现转基因生物，允许欧盟国家限制或禁止在其境内种植转基因生物。2018年7月，欧盟最高法院裁定，如果在一种作物使用了突变技术，包括化学诱变和辐射诱变等，则这种作物就应该视为基因修饰生物（GMO），就要用现有的欧洲GMO管理条例进行监管。该指令认为，只要一种生物的遗传物质发生了改变，且"不是通过交配和/或自然重组而自然地发生"，就应被定义为GMO。换言之，重组DNA、细胞融合乃至辐射突变等技术，按照这个指令，产出的都是GMO。裁定在科学界和行业内一起轩然大波。纷纷表示这是倒退，将阻碍欧洲基因编辑研究和产业化发展。

## 2. 法国

法国对转基因作物的研究和种植予以限制，不生产来自基因工程或创新生物技术（基因组编辑）的农产品，但进行农业生物技术的基础性研究，并在实验室中使用基因工程和创新生物技术。由于反对人士破坏了试验田，法国没有进行田间试验。预计在未来几年内，不会有通过基因工程或基因组编辑生产的植物被商业化种植。但是，该国政府批准进口转基因产品，进口转基因饲料主要是来自南美和美国的大豆和豆粕，以及来自加拿大的油菜籽。2020年5月，法国通知欧盟委员会，为遵守法国国务委员会2020年2月的裁决，法国计划对使用化学或物理试剂进行体外随机诱变生成的有机体进行管控。包括美国在内的几个国家对法国的这一举动进行了抗议，如果法国决定需要采取额外措施来执行欧洲法院的决定，美国使用新植物育种技术（NBTs）开发的农产品对法国的出口可能会受到阻碍。

## 3. 荷兰

荷兰目前没有转基因作物的商业化种植，预计未来5年内也不会有任何转基因作物的商业化种植。荷兰是世界上最大的大豆和豆粕进口国之一，其中含有转基因材料的份额尚未登记，但估计超过85%，是其畜牧业投入品的重要来源。大豆及其衍生物的输出国为美国和巴西，豆粕的输出国为巴西和阿根廷。荷兰不生产或出口国内生产的转基因作物或产品，但将其进口的转基因作物和产品转运到其他欧盟成员国，也将转基因材料再出口到非欧盟国家。

在荷兰的政策创新议程中，基因组编辑被确定为可能用于提高植物虫害抗性、养分利用率和生物质产量的关键技术之一。

## 4. 英国

学术研究是英国农业生物技术的重点，目前没有转基因动植物投入商业生产。然而，英国畜牧业依赖进口的转基因饲料（大豆和玉米制品）。

英国已于2020年1月31日正式脱离欧盟，英国政府表示，它没有计划改变从欧盟继承的"基因改造"条例和风险评估方法。然而，英国学术界和科学界长期以来一直认为，欧盟监管转基因生物的体系是一种"基于过程"的方法，其科学准确性不如采取"基于证据"的方法。英国利益相关者正在讨论如何重新定义"转基因生物"，将基因编辑应用程序排除在"转基因"法规的范围之外。

## 5. 德国

德国是欧盟人口最多、经济实力最强的国家。无论是在欧盟内部还是在全球，德国在农业政策方面都很有影响力。德国人一般对新技术持开放态度并乐于创新，但由于农业，尤其是农业生物技术在德国甚至欧盟占据着独特的政治地位，德国社会在农业生物技术问题上存在意识冲突，这反映在政府发布的政策和信息中。

民调显示，德国公众对转基因食品的反对率稳定在80%左右，对这个问题的熟悉程度很高。德国近一代环保人士和消费者一直抗议在德国和全球农业中使用生物技术。生物技术试验田既是一种研究工具，也是欧盟监管审批程序的必要组成部分，但由于抗议者的频繁破坏，目前德国几乎没有相关的试验田。

在目前的环境下，除了现有的大豆饲料市场外，开发德国转基因作物或食品市场的前景微乎其微。政治、商业、法规和社会壁垒引发了人们对德国农业生物技术领域长期竞争力的质疑。

在德国仍有大约 130 家从事农业和园艺作物育种和营销的公司，其中包括拜耳、巴斯夫和 KWS 等世界级的国际种子公司。这些跨国公司是转基因育种和常规育种种子向欧洲以外市场的主要供应商。然而，部分主要的德国农业公司已将研发业务转移到美国，例如，拜耳在 2004 年将研发业务转移到美国，并在 2018 年 6 月完成了对孟山都的收购；巴斯夫在 2012 年也将研发业务转移到美国；KWS 在 2015 年开设了美国生物技术研究中心，这是对欧洲对生物技术作物的负面态度的反应，也是对不存在的消费市场的反应。

然而，德国仍然是转基因产品的主要消费国，每年进口超过 600 万吨大豆和豆粕作为动物饲料。

## 6. 意大利

农业是意大利重要的经济部门之一，约占国内生产总值（GDP）的 2%。该国依赖进口的生物技术大宗商品作为其畜牧业的饲料，主要进口作物为大豆（2019 年进口 200 万吨）和豆粕（2019 年进口 190 万吨）。然而，人们对转基因作物的普遍态度仍然是敌对的。全国媒体对转基因作物实验的争论使得支持转基因研究和种植在政治上变得不合时宜。因此，对转基因产品的公共和私人研究经费已逐渐削减到零，目前，意大利没有对转基因作物进行田间试验。

关于转基因动物和克隆动物，意大利专注于对基因组选择的研究，以改善动物育种，该研究主要应用于医学或制药，没有对克隆动物进行商业化生产。

意大利对利用微生物生物技术开发的食品配料进行商业化生产，意大利公司致力于各种细菌、酵母菌、真菌和酶的研究，并将它们应用于食品制造、制药、生物工业和兽医领域。

## 7. 波兰

波兰是欧洲主要农业生产国和欧盟成员国。波兰反对在农业中使用基因工程技术，没有商业化种植任何转基因作物。

一些机构（包括与外国公司或实验室合作的机构）在控制条件下开展了对生物技术的基础性研究，包括植物育种，以及转基因作物对生态环境的影响等研究。

波兰没有生产或商业化种植转基因作物。2013 年 1 月 28 日，根据 2006 年发布的《种子法》修正案，转基因作物种植禁令开始生效，该法案还明确禁止了 235 个玉米品种。虽然目前的监管框架在技术上允许转基因种子进入商业领域，但根据法律，这些种子不能用于种植。

波兰无相关出口。尽管 2006 年的《饲料法》严格禁止生物技术牲畜饲料的使用，波兰仍然进口生物技术衍生的饲料原料。2016 年 11 月 4 日，议会投票赞成《饲料法》，但实际上，议会一再推迟转基因饲料禁令的实施，饲料法的最新修正案将转基因饲料禁令的执行时间推迟到 2021 年 1 月 1 日。波兰目前从阿根廷、巴西和美国进口了 200 多万吨转基因豆粕。

环境部是波兰负责农业生物技术监管的主管部门。环境部与卫生部合作，对生物技术给民众健康带来的潜在风险进行管控。食品及卫生局是一个由科学家、行政当局和非政府组织的代表组成的专家咨询机构，负责为环境部的农业生物技术监管工作提供决策支持。

## 8. 罗马尼亚

罗马尼亚是欧盟成员国中对农业生物技术接纳度最高的国家之一。罗马尼亚进口转基因豆粕广泛用作饲料原料。罗马尼亚政府允许进行生物技术田间试验。

在产品研发方面，2017 年 11 月，罗马尼亚国家环境保护局（NAEP）通报称，当地一所大学申请使用 CRISPR/Cas9 技术对一种单核增生李斯特菌进行限制性检测。该研究是 ERA-IB-16-014 安全食品项目的组成部分。2017 年 12 月，生物安全委员会（BSC）批准了该申请，给予 4 年的测试期。同年，NAEP 还发布了另一份通报，一家制药公司申请对含有单核增生李斯特菌减毒活性菌株的转基因药物 ADXS11-001 进行临床研究。BSC 于 2017 年 9 月批准了这一请求，并给予 6 年的测试期。目前，尚无罗马尼亚正在开发的任何商用转基因植物的报道。

商业化生产方面，自 2015 年，罗马尼亚没有种植过生物技术作物（包括转基因玉米）。种植区域隔离、共存、市场认证和可追溯性要求，以及抗虫性问题，是农民选择不种植转基因玉米的主要原因。

进出口贸易方面，罗马尼亚目前不生产任何转基因植物，因此没有此类出口。罗马尼亚的大豆产量在 2007 年加入欧盟后急剧下降，但罗马尼亚仍然是欧盟为数不多的大豆生产国之一。大豆生产补贴刺激农民在过去 5 年将产量增加了 1 倍，2019 年达到约 40 万吨。罗马尼亚是向其他国家供应非转基因大豆的国家。大约一半的本地大豆产品主要出口到欧盟国家，这些国家的畜牧业主要依靠非转基因饲料。俄罗斯从罗马尼亚进口的大豆通常可达罗马尼亚大豆年产量的 1/4。

罗马尼亚虽然是欧盟重要的粮食和油料生产国和出口国，但依赖进口植物蛋白原料作为牲畜饲料。罗马尼亚近90%的进口大豆产品来自转基因大豆生产国。罗马尼亚的大豆产量大大低于国内畜牧业的需求，进口的大豆和豆粕近90%来自南美和美国。2018年，大豆进口量几乎翻了一番，达到26万吨，其中，44%来自美国；豆粕进口量达到56.5万吨，较2017年增长7%，其中，美国豆粕约占进口量的5%。2019年上半年，进口豆粕的利润较高，导致与2018年同期相比豆粕的进口增长了30%，同时，导致大豆的进口量下滑了50%。巴西是罗马尼亚最大的大豆和豆粕供应国，其次是阿根廷和美国。监管方面，具有监管职责的主要机构如下。

◎环境部（MOE）作为环境保护的中央主管部门，负责协调和确保预警原则（The Precautionary Principle）的应用。

◎NAEP是公司申请的接洽机构，也是BSC的协调机构。

◎国家环境警卫队（NGE）监督法律法规的执行情况。

◎农业和农村发展部（MARD），兽医和食品安全国家管理局（ANSVSA）以及卫生部（Ministry of Health）在执行有关转基因产品的法律法规方面发挥着重要作用。

# （四）亚洲

## 1. 印度

科研方面，目前，印度的种子公司和公共部门的研究机构正在开发的转基因作物超过85种，主要包括香蕉、卷心菜、木薯、花椰菜、鹰嘴豆、棉花、茄子、油菜籽、芥末、木瓜、花生、豌豆、土豆、大米、高粱、甘蔗、番茄、西瓜和小麦等。主要研究方向为抗虫害、抗除草剂、抗非生物胁迫（如干旱、盐碱和土壤养分耗竭）、提高营养含量以及与营养、药用或代谢相关的植物表型组学研究。

在商业化生产方面，2002年，转基因棉花被批准用于商业化种植，并且截至目前仍然是唯一被批准可以投入商业化生产的转基因作物。在10余年的时间里，转基因棉花的种植面积已增长到印度棉花总种植面积的95%以上，并导致印度棉花产量的激增。印度已成为世界上最大的棉花生产国和第三大棉花出口国。2018—2019年，印度的棉花产量估计为2 650万包，种植面积为1 260万公顷。商业化种植的转基因棉花被批准用作衣物纤维、人类食用油和动物饲料。

在进口贸易方面，印度是仅次于美国和巴西的世界第三大棉花出口国，偶尔也出口少量来自转基因棉花的棉籽和棉籽粉。目前，唯一获准进口到印度的转基因食品是来自6种转基因大豆的大豆油和来自1种转基因油菜的菜籽油。印度进口了大量大豆油（主要来自阿根廷、巴西和巴拉圭）和少量菜籽油（主要来自加拿大）。印度也进口了大量棉花（包括转基因棉花），以提高当地纺织业对优质棉花的需求，2018—2019年的进口量为180万包。作为一种不含任何蛋白质的纤维产品，棉花不需要做转基因产品的进口申报，而其他转基因作物（如种子、动物饲料和人类食品）以及源自转基因作物的加工产品的进口已被禁止。

在生物技术监管方面，1986年发布的《环境保护法》（EPA）为印度制定转基因植物、动物及其产品和副产品的生物技术监管框架奠定了基础。印度现行法规规定，在商业批准或进口之前，印度基因工程评估委员会（GEAC）必须对所有转基因食品、农产品以及来自转基因植物和动物或其他生物技术生物的产品进行评估。GEAC是印度的最高监管机构。2006年的《食品安全与标准法》对管理转基因食品（包括加工食品）作出了具体规定。目前，转基因原料加工的食品和其他产品的审批由印度食品安全与标准管理局（FSSAI）负责，而转基因作物和产品（包括种子在内的活性改良有机生物体）的研究、开发和种植、非食品加工产品和其他产品的审批由GEAC负责。印度已经批准的5个用于种植的转基因品种均为棉花品种。有7个品种获得了食用植物油的进口许可，分别为6个大豆品种和1个油菜品种。

## 2. 菲律宾

菲律宾是农业生物技术领域的积极倡导者，是第一个允许种植转基因作物（2003年开始种植转基因玉米）的亚洲国家。在转基因监管方面，菲律宾政府计划出台新的针对转基因动植物的监管框架，以加快对农业生物技术产品的批准和应用。

在产品研发方面，菲律宾大学植物育种研究所（IPB-UPLB）开发出了抗蚜虫转基因茄子。菲律宾水稻研究所（PhilRice）在比尔和梅琳达·盖茨基金会、洛克菲勒基金会、美国国际开发署和菲律宾农业部（DA）生物技术项目的共同支持下，开展β-胡萝卜素强化水稻（也称黄金水稻/GR2E）项目的研究，2019年年底，该品种已在菲律宾被批准上市，可用作食品和饲料，或作为加工用途。美国、澳大利亚、新西兰和加拿大四个国家的监管机构也已经批准该作物进入食品市场，并认可了其食用的安全性。此外，自2010年开始对转基因棉花进行评估和封闭试验。此外，菲律宾大学洛斯巴诺斯分校（UPLB）的植物育种研究所（IPB）开展了木瓜抗环斑病毒及延缓成熟的育种研究。

商业化生产方面，根据国家植物局（BPI）的数据，转基因玉米自 2003 年引进以来，累计种植面积超过 720 万公顷。所有种植的转基因作物中，超过 95% 的转基因作物都是基因叠加品种。

在进出口贸易方面，菲律宾无转基因作物出口记录。2018 年，菲律宾的农产品及相关产品对美进口额达 31 亿美元，创历史新高。从美国进口的转基因作物和副产品比 2017 年增加了 14%，超过 10 亿美元，豆粕占绝大部分，达 8.84 亿美元。2019 年的贸易额预计将超过 2018 年的水平。

在生物技术监管方面，2016 年，来自农业部（DA）、科学技术部（DOST）、环境资源部（DENR）、卫生部（DOH）以及内政和地方政府（DILG）的专家共同起草了一份部门联合通告（JDC），题为《转基因植物研发、处理、使用、越境转移、环境释放和管理的规章制度》。JDC 划定了 DA、DENR 和 DOH 在进行风险评估时的责任。环境风险评估由 DENR 负责，DOH 负责环境健康和食品安全影响评估，DILG 的作用主要是协调其他部门监督公共协商体系，DOST 是评估和监测的牵头机构，DA 通过 BPI 评估，发放如田间试验、繁殖和用于人类食用的食品或动物饲料等的许可。饲料安全由动物管理局（BAI）负责。

## 3. 日本

在日本，现代生物技术在植物育种中的应用已经比较普遍。该国大量进口转基因大豆和玉米用作食品和饲料，是全球人均最大的转基因产品进口国之一。日本政府支持对生物技术的研究开发，同时也非常重视转基因生物的生态环境安全和食用安全，建立了一套操作性强、实用性强的安全评价制度和产品监管制度。地方政府也分别制定了种植转基因作物的法规。目前，唯一获批商业化生产的植物是转基因玫瑰。日本畜牧业生产依赖进口饲料，几乎 100% 的玉米和 94% 的大豆依赖进口，其中，大部分为转基因品种。2019 年，日本进口了 1 600 万吨玉米，主要来自美国、巴西和阿根廷，其中，约 1/3 用于食品。日本不直接出口转基因农产品。

日本大多数农业生物技术研发都是由政府部门通过政府研究机构和大学进行的。日本政府的国家科技创新项目"跨部门战略创新促进计划（SIP）"鼓励对基因组编辑技术的研究。项目包括营养强化的西红柿、毒素减少的土豆以及高产水稻。然而，消费者对转基因产品的谨慎态度，15 个地方政府针对以研究为目的转基因作物的种植和商业化种植分别采取了更为严格的监管法规，以及周边国家对转基因产品的反对态度等因素，导致日本转基因技术发展速度放缓。

日本是较早对转基因食品安全作出法律规定的国家之一，已形成自己独特的转基因食品安全法律体系。陆续通过并颁布的多部法令包括：《转基因食品检验法》《转基因食品标识法》《食品卫生法》《饲料安全法》《关于通过使用活转基因生物条例保护和可持续利用生物多样性的法律》（也称《卡塔赫纳法》）等。在日本，转基因植物产品的商业化需要食品、饲料和环境方面的批准。监管框架涉及四个部门：农林渔业部（MAFF）、卫生、劳工和福利部（MHLW）、环境部（MOE）和教育、文化、体育、科技部（MEXT）。2019—2020年，日本通过《在农业、林业和渔业领域使用基因组编辑技术获得的生物特定信息披露程序的最终指南（JA2019-0196)》(MAFF)、《处理基因组编辑食品和食品添加剂的最终指南（JA2019-0011)》(MHLW)、《处理基因组编辑饲料和饲料添加剂的最终指南（JA2020-0034)》(MAFF) 等一系列文件。在日本，将基因组编辑的产品商业化之前，要求产品开发者遵循相关的指导原则。

## 4. 韩国

在韩国，生物技术产品的研发由各种政府机构、大学和私营机构主导。主要研究的性状包括抗旱抗病、营养富集、基因表达改变等。从2020年1月至10月，韩国农村发展局（RDA）批准了148个研究案例，由 RDA 指定的评估实体和私营实体进行田间试验。RDA 计划在2020年年底之前再投资3 000亿韩元（约2.6亿美元）开发更多相关项目。

尽管在生物技术研发方面投入了大量资金，但韩国尚未实现任何生物技术产品的商业化生产，也不允许国内生物技术作物的商业化生产。

韩国严重依赖进口粮食和饲料。但由于消费者的负面态度，韩国只有少数食品由生物技术生产，大部分牲畜饲料是转基因玉米和大豆。美国是韩国最大的转基因谷物出口国，其次是阿根廷和巴西。2020年1—8月，美国对韩国的转基因谷物出口总量达到290.8万吨，而韩国的转基因谷物进口总量为788.6万吨。

2020年9月，韩国农业、食品和农村事务部（MAFRA）最终确定了《推进绿色—生物融合新兴产业发展规划》，该规划的目标是到2030年使韩国5大绿色生物产业产值翻一番。这5个绿色生物部门包括微生物组、代餐（医疗食品）、种子、兽医以及其他生物材料（昆虫，海洋和林业）。在种子生产方面，选择了基因组编辑和数字育种作为投资和开发的核心技术。在兽医方面，政府将支持利用蛋白质重组技术和干细胞研究开发动物疫苗。

韩国尚未对创新生物技术产品发布监管政策，目前正在起草一项提案。该提案可能要求韩国修订其现有的转基因生物（LMO）法案。韩国要求对任何含有可检测到的转基因成分的食品进行强制性转基因标识，但食用油和糖浆除外。目前，该标签要求不适用于转基因食品添加剂或食品中使用的微生物生物技术衍生的成分。就此规定，反生物技术非政府组织要求食品和药品安全部（MFDS）成立一个由非政府组织和行业团体组成的咨询机构，以便就扩大生物技术标签要求的可能性达成共识。2020年9月，某韩国议员曾提交草案，要求扩大该国生物技术标识要求的范围，以涵盖任何来自生物技术成分的产品。

## 5. 以色列

在以色列，转基因作物的生产仅被允许用作研究用途。唯一被允许商业种植的转基因作物是烟草，被化妆品和制药行业使用。一些转基因植物，如在以色列开发的观赏花卉，在国外市场上种植。以色列不生产或进口转基因动物。

截至2020年9月，以色列法规允许进口和销售转基因商品或衍生产品，并将其投入食品和饲料生产，以及观赏和医药用途。以色列2005年"植物和其他转基因生物种子法规"规定，没有有效的注册证书，不得销售转基因作物。以色列的宗教权威认定，在食品中使用转基因成分不会影响食物的安全状态，因为这些成分是以"微量"比例存在的。目前，向以色列进口的农业生物技术产品数量没有量化，国内实验用途有限。不同的国家将谷物和油菜籽运往以色列，其中相当一部分是生物技术品种。

2013年10月，以色列卫生部（MOH）宣布了关于新型食品的新法规草案，包括使用生物技术生产的食品。但目前还不清楚该规定何时实施。2017年3月，国家转基因植物委员会发布了一项决定，即仅导致核苷酸缺失，且未插入外源脱氧核糖核酸的基因组编辑植物不被视为转基因植物，不受转基因种子监管。然而，申请人必须提交数据，证明它们符合确定的标准，以确保外源基因序列没有被纳入植物基因组。其他基因组编辑的植物，其中，包括外来的基因以及他们的后代将遵守转基因种子法规中的规定和指南。

虽然以色列科学家通常支持生物技术，但环境活动家对其使用表示关切。当地媒体很少讨论基因工程。大多数以色列人对转基因产品的使用没有明确意见。

# 6. 土耳其

土耳其没有以商业或研究为目的的正在开发的转基因植物。土耳其在其《生物安全法》第 5 条第 1 款（c）项规定禁止生产转基因动植物。农林部（MinAF）每年 1 月发布的种子通告也都禁止进口转基因种子。

由于土耳其没有转基因作物的商业生产，除海关转运外，土耳其不向任何国家出口转基因植物。目前，有 36 种转基因大豆和玉米性状获准进口土耳其，用作动物饲料。由于国内生产不足和需求增加，土耳其为其家禽、家畜和水产养殖部门进口了大量的饲料作物。美国一直是土耳其市场最大的供应商之一，但其进口量不稳定，主要受阻原因是被批准的转基因性状数量有限，以及土耳其农业和林业部（MinAF）采取的监管措施。

在监管方面，土耳其的农业生物技术法规受 2010 年 9 月 26 日实施的《生物安全法》（第 5977 号法律）和相关现行法规约束。转基因农产品只有在每次获得批准后才能进口，例如，食品、饲料、工业产品（以及用于特定工业应用的产品，如润滑剂、墨水、油漆和生物燃料）。

卫生部于 2010 年 8 月 13 日公布了《生物安全法》的两个实施条例，即《关于转基因生物和产品的条例》和《关于生物安全委员会和委员会工作原则的条例》。该法律禁止在婴儿食品和幼儿辅助食品中添加转基因成分，禁止栽培（生产）转基因植物和动物，并禁止使用转基因种子。

2018 年 6 月 24 日，举行总统选举后，土耳其政府根据《总统令第 1 号法令》对粮食、农业和牲畜部与森林和水事务部合并重组，成为农业和林业部（MinAF）。第 1 号法令设立了 9 个总统政策委员会。其中，1 个委员会是卫生和粮食政策委员会，它的任务是制定生物技术领域的政策、战略，并监测执行情况；另外 2 个委员会与食品和农业有关；其他委员会与健康和医疗有关。

土耳其高级规划委员会（HPC）于 2015 年 6 月通过了《生物技术战略与行动计划》，实施期为 2015—2018 年，已于 2018 年 7 月结束。该计划是第一个由政府高层权力机构制定并通过的，涵盖生物技术所有方面（农业、卫生、工业）的文件。该计划提出了"提高技术水平，增加有附加值的产品的数量，并在生物技术领域处于领先地位"的愿景。

计划中与农业生物技术有关的具体目标是：修订《生物安全法》和其他相关法律；确定将"特定受控领域"分配给科学家（进行研发和实地试验）的规则和原则。

## （五）大洋洲

### 1. 澳大利亚

2019 年，澳大利亚转基因作物种植面积 60 万公顷，在全球排名第十七位，种植的转基因作物包括棉花、油菜、红花。2019 年生长季节持续的极端干旱影响了油菜和棉花的种植面积（转基因作物和常规作物），澳大利亚的棉花种植面积是有记录以来最小的，但由于更好的杂草控制和更高的利润，转基因油菜的应用率提高。

在澳大利亚，关于生物技术的争论仍然是全社会关注的焦点。联邦政府对生物技术非常支持，承诺为研发提供长期资金支持，并批准生物技术产品，如转基因棉花、康乃馨和油菜品种的普及。最初，大多数州对引进这项技术持谨慎态度，并实行了暂停，用以防止转基因作物的种植。然而，在几次州级审查之后，新南威尔士州、维多利亚州和西澳大利亚州取消了对生产转基因油菜籽的暂停令。南澳大利亚州于 2019 年 8 月表示有意解除禁令，并于 2020 年 5 月通过立法，允许在南澳大利亚州除袋鼠岛以外的所有地区种植转基因作物。但在塔斯马尼亚岛和澳大利亚首都领地，暂停种植的禁令将延长到 2029 年。昆士兰州和北部地区没有实施暂停种植的禁令。

澳大利亚出台的两项政策，其一，未经加工的（完整的）转基因玉米和大豆在澳大利亚未得到监管部门的批准，未经进一步加工就不允许进口。其二，转基因含量超过 1% 的食品必须事先获得批准并贴上标签，这有可能限制美国中间产品和加工产品的销售。澳大利亚在这一技术上的政策和观点可能会影响其他国家，并导致他国在制度、政策上的效仿。

### 2. 新西兰

科研方面，新西兰已经先后批准了 21 项包含多种作物和动物的农田试验。在新西兰，基因工程产品受到 1996 年《有害物质和新生物法》（HSNO）的监管，并由环境保护局（EPA）管理。在 EPA 成立之前，环境风险管理局负责实施 HSNO 法。EPA 的运作方式与新西兰政府对生物技术的谨慎态度相一致，只在收益大于预期风险的情况下才批准申请。

新西兰没有生物技术作物的商业种植。由于担心生物技术可能对销往海外的产品产生负面影响，农业组织和农民仍然对生物技术的使用持谨慎态度。

在新西兰销售的转基因食品必须得到澳大利亚和新西兰食品标准局（FSANZ）的批准。截至目前，有 78 种经 FSANZ 批准的转基因食品可以上市销售。在新西兰出售的所有转基因食品都必须贴上标签。动物饲料不属于 HSNO 法案的范围，可以进口到新西兰，因为新西兰的法律没有区分转基因饲料和非转基因饲料，用转基因饲料喂养的动物的肉类和其他产品不需要贴上标签。

使用微生物生物技术生产的食品成分与使用生物技术生产的植物和动物受到同样的法律和法规的管辖。

# （六）非洲

非洲被认为是最有可能从生物技术作物的应用中获益的地区，因为该地区存在着极其严重的贫穷和营养不良问题。

2018 年，非洲的生物技术应用国仅为南非、苏丹和埃斯瓦蒂尼，2019 年又有 3 个国家（马拉维、尼日利亚和埃塞俄比亚）决定在开始种植生物技术作物。肯尼亚在 2019 年年底宣布批准转基因棉花的商业化，并于 2020 年开始此项种植。此外，莫桑比克、尼日尔、加纳、卢旺达和赞比亚在生物技术作物研究、管理和接受方面也取得了进展。

随着 3 个非洲国家的加入，全世界种植生物技术作物的国家从 2018 年的 26 个增加到 2019 年的 29 个。

## 埃及

埃及农业研究的重点是作物改良和作物品种开发，强调优化单位面积作物收益，以及应对生物和非生物胁迫。其农业生物技术研究的主要目标是生产耗水量少、产量高的植物品种，在大田作物方面主要关注小麦和玉米的研究。小麦研究计划的重点是建立小麦品种的再生系统，以及增加耐旱和耐盐基因。玉米研究计划的重点是建立埃及玉米和高粱自交系的离体再生（即植物的组织培养）；利用生物技术工具开发耐盐、耐干旱和耐高温的玉米和高粱新品种；优化基因瞬时表达体系；以及对生物强化高粱进行基因改造。

目前，埃及不允许转基因作物的种植和商业化，也没有转基因作物的出口。但埃及允许进口转基因产品，是粮食和饲料用大豆和玉米的净进口国。2019 年埃及进口了 1 000 万吨玉米和 450 万吨大豆，以满足其不断增长的家禽和水产养殖业的饲料需求。

埃及没有生物安全的相关法律，仅颁布了一些有关农业生物技术的政令。生物技术的监督权划归农业和土地复垦部、卫生部、贸易与工业部、环境部四个部门，他们都是国家生物安全委员会的成员，但该委员会自 2014 年以来一直处于停滞状态。

此外，埃及没有正在开发的转基因或克隆动物。对于动物的生物技术活动，主要是开发牲畜重组疫苗和疾病诊断试剂盒，以提高牲畜、家禽和鱼类的产量。

# 三、中国生物种业国际竞争力分析

综合考虑世界各国论文发表、专利申请、产业规模、进出口贸易等情况，以美国、荷兰、德国、法国、澳大利亚、英国、加拿大、日本、巴西等种业强国为对标国家，对中国种业国际竞争力进行综合评价分析。

## （一）评价方法与指标体系

### 1. 评价方法

将生物种业国际竞争力的影响因素归结为两部分，一是科技创新力，包括基础研究、技术研发和新品种权。二是产业竞争力，包括贸易竞争力、企业竞争力和产业规模。据此建立指标体系，采用专家打分主观赋值的方法确定权重，采用极差法，对数据进行归一化处理。

### 2. 指标体系

种业国际竞争力评价指标体系共设 2 个一级指标、6 个二级指标和 13 个三级指标（表26）。

表26　国际种业竞争力评价指标体系

| 一级指标 | 权重 | 二级指标 | 权重 | 三级指标 | 权重 |
|---|---|---|---|---|---|
| 科技创新力 | 0.50 | 基础研究 | 0.40 | 规模指数 | 0.50 |
| | | | | 质量指数 | 0.50 |
| | | 技术研发 | 0.40 | 规模指数 | 0.50 |
| | | | | 质量指数 | 0.50 |
| | | 新品种权 | 0.20 | 授权量指数 | 0.50 |
| | | | | 保有量指数 | 0.50 |

（续表）

| 一级指标 | 权重 | 二级指标 | 权重 | 三级指标 | 权重 |
|---|---|---|---|---|---|
| 产业竞争力 | 0.50 | 贸易竞争力 | 0.40 | 贸易竞争指数 | 0.25 |
|  |  |  |  | 显示性优势指数 | 0.25 |
|  |  |  |  | 国际市场占有率 | 0.25 |
|  |  |  |  | 市场开放度 | 0.25 |
|  |  | 企业竞争力 | 0.20 | 20强企业所属国家 | 1.00 |
|  |  | 产业规模 | 0.40 | 全球市场份额<br>国家种子产业规模全球占比 | 1.00 |

（1）科技创新力指数　科技创新力指数，涵盖种业创新链的各要素，由基础研究指数、技术研发指数和新品种权指数构成。基础研究指数由反映基础研究实力的科技论文表征；技术研发指数由反映技术研发实力的技术专利表征；新品种权指数由反映独占产业规模的 UPOV 新品种权表征。

①基础研究指数：将"基础研究指数"定义为规模指数和质量指数 1∶1 加权求和的数值，表征一个国家生物育种基础研究的创新水平。其中，"规模指数"为论文发文量与十国平均值的比值；"质量指数"是高被引论文数、篇均被引频次、学科规范化引文影响力（CNCI）3 个指标的归一化值，经等比重加权求和得出。

②技术研发指数：将"技术研发指数"定义为"规模指数"和"质量指数" 1∶1 加权求和的数值，表征一个国家生物育种技术研发的创新水平。其中，"规模指数"通过专利申请量来表征，"质量指数"由技术范围、国际范围和引用频次 3 个指标 1∶1∶1 加权求和计算得到，这 3 个指标分别通过 IPC 数量均值、Derwent 同族数量均值和施引专利数量均值来表征。

③新品种权指数：将"新品种权指数"定义为 UPOV 新品种权 5 年授权量和仍有效品种量 1∶1 加权求和的数值，表征一个国家能够独占的产业规模。

（2）产业竞争力指数　产业竞争力指数由贸易竞争力指数、企业竞争力指数和产业规模指数构成，从市场和产业主体两方面对产业竞争力进行分析评价。

①贸易竞争力指数：贸易竞争力指数显示了一个国家参与国际市场竞争的能力，由贸易竞争指数、显示比较优势指数、国际市场占有率、市场开放度 4 个三级指标表征，经等权重求和得出。

贸易竞争指数（TC）：是指一个国家种子的净出口额与种子总贸易额的比率。

计算公式为

$$TC = (X_i - M_i) / (X_i + M_i)$$

式中，$X_i$ 代表种子出口额，$M_i$ 代表种子进口额。

显示比较优势指数（RCA）：是指一个国家种子出口额占其商品出口总额的份额与世界种子出口额占世界商品出口总额的份额的比率。它剔除了国家总量波动和世界总量波动的影响，较好地反映了该产品的相对优势。计算公式为

$$RCA = (X_i / Xt) / (Wej / Wet)$$

式中，$X_i$ 代表种子出口额，$Xt$ 代表商品出口总额，$Wej$ 代表世界种子出口额，$Wet$ 代表世界商品出口额。

国际市场占有率（IMS）：指某国种子出口额在世界种子总出口额中的占比。计算公式为

$$IMS = X_i / W_i$$

式中，$X_i$ 代表一国种子出口额，$W_i$ 代表世界种子出口总额。

市场开放度（MO）：是指一国在一定时期内种子进出口总额与农业增加值之比，表示某一区域可转移生产要素流动所受到的限制。计算公式为

$$MO = (X_i + M_i) / agGDP$$

式中，$X_i$ 代表一国种子出口额，$M_i$ 代表一国种子进口额，agGDP 代表一国农业增加值。

②企业竞争力指数（EC）：企业竞争力指数用世界销售量 TOP20 种企所属国家的销售额占全球种业市场市值的份额表征，体现了一国作为种业主体的企业在国际上的竞争实力。计算公式为

$$EC = \sum C_i / Wmv$$

式中，$C_i$ 为一国进入全球 TOP20 某企业的销售额，$\sum C_i$ 为一国所有进入全球 TOP20 企业的销售额之和，$Wmv$ 为全球种业市场的市值。

③产业规模指数（IS）：产业规模指数体现了一国生产的种子对全球种业的贡献度，消除了各国因体量不同，国内种子市场需求不同，所造成的国际贸易上的差异，也反映出各国满足国内种子市场需求的情况。计算公式为

$$IS = (S_i + (X_i - M_i)) / Wmv$$

式中，$S_i$ 为种子市场的市值，$X_i$ 为种子出口额，$M_i$ 为种子进口额，$Wmv$ 为全球种业市场的市值。

## （二）评价结果

国际种业竞争力综合排名前三位的是美国（0.693）、中国（0.411）和荷兰（0.369），中国位列第二，具有较强的综合实力。但与排在第一位的美国相差 0.282，差距较大。而排名第三位的荷兰与中国仅差 0.042，两国实力相当。

表 27　10 国种业国际竞争力指数排名

| 国家 | 科技创新力指数 | 排名 | 产业竞争力指数 | 排名 | 种业竞争力指数 | 排名 |
|---|---|---|---|---|---|---|
| 美国 | 0.708 | 1 | 0.678 | 1 | 0.693 | 1 |
| 中国 | 0.521 | 2 | 0.302 | 5 | 0.411 | 2 |
| 荷兰 | 0.272 | 5 | 0.466 | 2 | 0.369 | 3 |
| 德国 | 0.301 | 3 | 0.318 | 4 | 0.310 | 4 |
| 法国 | 0.150 | 9 | 0.353 | 3 | 0.251 | 5 |
| 澳大利亚 | 0.295 | 4 | 0.026 | 10 | 0.161 | 6 |
| 加拿大 | 0.218 | 8 | 0.091 | 7 | 0.154 | 7 |
| 英国 | 0.257 | 6 | 0.046 | 9 | 0.152 | 8 |
| 日本 | 0.239 | 7 | 0.059 | 8 | 0.149 | 9 |
| 巴西 | 0.044 | 10 | 0.143 | 6 | 0.093 | 10 |

## （三）结果分析

### 1. 科技创新力

我国生物种业科技创新力指数为 0.521，仅次于美国（0.708），排名第二位，其中基础研究指数（0.471）排名第三位，技术研发指数（0.331）排名第三位，品种权指数（1.000）排名第一位，在种业创新链的各阶段都表现出较强的实力，三项指标中品种权最强，基础研究次之，技术研发方面相对较弱。种业科技创新力指数具体排名情况见表 28。

表 28　10 国种业科技创新力指数排名

| 国家 | 基础研究指数 | 技术研发指数 | 品种权指数 | 科技创新力指数 | 排名 |
|------|------|------|------|------|------|
| 美国 | 0.877 | 0.714 | 0.358 | 0.708 | 1 |
| 中国 | 0.471 | 0.331 | 1.000 | 0.521 | 2 |
| 德国 | 0.367 | 0.384 | 0.001 | 0.301 | 3 |
| 澳大利亚 | 0.356 | 0.328 | 0.109 | 0.295 | 4 |
| 荷兰 | 0.372 | 0.070 | 0.475 | 0.272 | 5 |
| 英国 | 0.472 | 0.159 | 0.024 | 0.257 | 6 |
| 日本 | 0.125 | 0.221 | 0.503 | 0.239 | 7 |
| 加拿大 | 0.318 | 0.187 | 0.078 | 0.218 | 8 |
| 法国 | 0.288 | 0.076 | 0.021 | 0.150 | 9 |
| 巴西 | 0.001 | 0.045 | 0.127 | 0.044 | 10 |

（1）基础研究　科技论文是科学研究的主要产出形式之一，其数量及质量是衡量国家或地区基础研究实力的重要标志。本报告以 Web of Science 核心合集为数据源，构建检索式，提取出分析数据集。鉴于生物技术育种是当今种业的研究热点与前沿，以该领域的论文表征生物种业基础研究方面的创新。

据统计，2015—2019 年，全球生物技术育种领域的发文总量为 87 830 篇，美国占比为 29.5%，中国占比为 24.6%，10 国的发文总量为 80 426 篇，美国发文量为 25 987 篇，占 10 国发文总量的 32.3%，在 10 国中排名第一位；中国以 21 620 篇排名第二位，占 10 国发文总量的 26.9%，与美国共同组成了第一阵营，两国发文占比超过了 10 国总发文量的半数，是生物技术育种领域的主要科研产出力量（图 10）。

从研究规模和研究质量两个指标分析，绘制基础研究创新力的四象限坐标图（图 11），分析可知，美国无论是研究规模还是质量，都遥遥领先于其他国家，是种业基础研究的引领者，具有雄厚的实力和前瞻性。中国紧随其后，发文量仅次于美国，生物育种技术领域研究活跃，但研究质量与美国相差较大，还处于追赶阶段。英国、德国、荷兰、加拿大、澳大利亚和法国发文总量不大但影响力强于我国，是潜在的竞争者。日本和巴西在 10 国中研究实力较弱。

（2）技术研发　专利是技术研发的主要产出形式之一，其数量及质量是衡量国家或地区技术研发实力的重要标志。鉴于生物技术育种是当今种业的研究热点与前沿，以该领域的技术专利表征生物种业技术研发方面的创新。

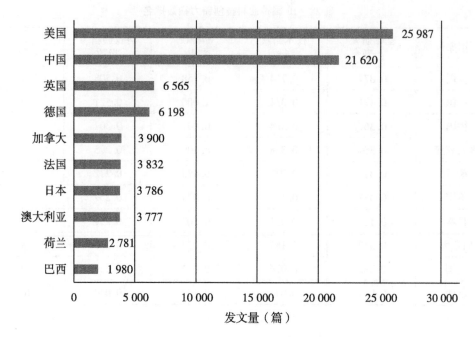

**图 10　生物育种技术领域 10 国发文量分布**

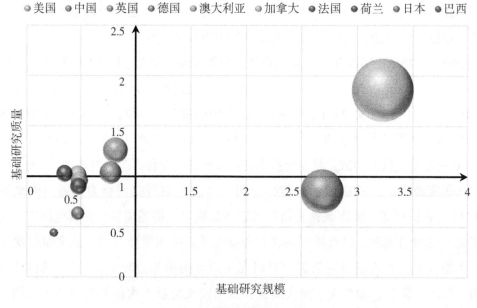

**图 11　基础研究竞争实力表现**

　　本报告以 Derwent Innovation 全球专利数据库为数据源，通过构建检索式和 IPC 分类号组配的方式，提取出分析数据集。据数据统计，2015—2019 年，全球生物技

术育种领域专利申请总量为 23 133 件，美国占比为 51.2%，中国占比为 27.4%，10
国的专利申请总量为 20 226 件，美国申请量为 11 849 件，占 10 国专利申请总量的
58.6%，在 10 国排名第一。中国以 6 338 件排名第二（图 12），占 10 国专利申请总
量的 31.3%，虽与美国还有相当大的距离，但远超其他国家，中美是全球生物育种
技术领域的主要技术研发力量（图 13）。

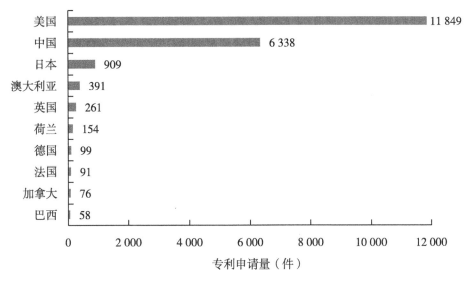

**图 12　10 国生物育种技术专利申请量**

通过专利组合二维矩阵，从技术研发规模和质量两个维度进行分析，结果显
示：在农业生物技术领域美国属于典型的技术领导者，拥有很强的技术研发能力，
专利申请量远高于其他国家，且专利质量很高，处于绝对领先地位，是其他国家效
仿和学习的对象；中国属于技术活跃者，研发活动频繁，在专利数量上占据优势，
仅次于美国，但专利质量整体不高，是技术追随者；德国、澳大利亚属于潜在的技
术竞争者，尽管专利申请量不多，但专利质量普遍较高，具有相当的竞争力，不容
忽视。有研究表明，潜在竞争者比技术活跃者的市场表现更出色，中国应关注其技
术发展新动向。日本、加拿大、英国，虽然在专利质量上与德国、澳大利亚有一定
差距，但优于我国。荷兰、法国、巴西在专利规模上处于劣势，专利质量上与我国
相差不大，竞争威胁不大。

（3）新品种权　培育出新品种是种业科技创新水平的综合体现，植物新品种保
护作为针对育种成果的一种重要知识产权保护形式，体现了能够独占的产业规模，
是度量种业科技创新的重要指标。

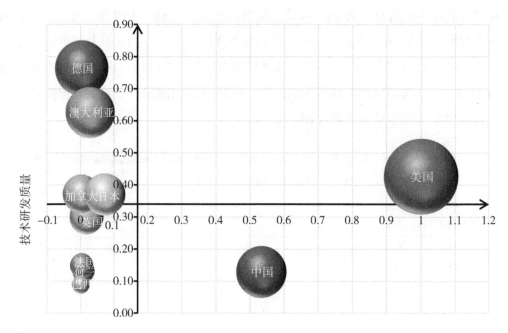

技术研发规模

图13　10国生物育种技术表现

中国自加入 UPOV 以来，增长态势十分迅猛，2017 年起中国的品种权申请数量已超过欧盟，位居第一位；授权数量自 2014 年起就超过美国，仅次于欧盟。从 2015—2019 年 10 国 5 年授权总量来看，中国（10 489 件）排名第一位，是排名第二位的日本（3 949）的 2.7 倍。至 2019 年全球仍有效的植物品种权共 139 968 件，中国（12 917 件）排在第一位，是排名第二位的荷兰（8 916 件）的近 1.5 倍。可以看出，中国在品种规模上有较大优势，日本、荷兰为第二梯队，具备一定优势，具体见表 29。但由于我国存在品种同质化现象，因此品种规模上的优势并不能完全代表品种上的优势。

表29　10国 UPOV 新品种权排名

| 排名 | 国家 | 5年授权总量 | 2019年仍有效量 | 新品种权指数 |
|---|---|---|---|---|
| 1 | 中国 | 10 489 | 12 917 | 1.00 |
| 2 | 日本 | 3 949 | 8 730 | 0.50 |
| 3 | 荷兰 | 3 207 | 8 916 | 0.48 |
| 4 | 美国 | 2 008 | 7 524 | 0.36 |
| 5 | 巴西 | 1 492 | 2 672 | 0.13 |

| 排名 | 国家 | 5年授权总量 | 2019年仍有效量 | 新品种权指数 |
|------|------|------------|---------------|-------------|
| 6 | 澳大利亚 | 1 082 | 2 722 | 0.11 |
| 7 | 加拿大 | 1 146 | 1 927 | 0.08 |
| 8 | 法国 | 677 | 1 124 | 0.02 |
| 9 | 英国 | 520 | 1 381 | 0.02 |
| 10 | 德国 | 239 | 1 141 | 0 |

## 2. 产业竞争力

我国产业竞争力指数为 0.302，排在美国（0.678）、荷兰（0.466）、法国（0.353）、德国（0.318）之后，在 10 国中位列第五位，总体处于中等水平（表30）。

表30　10国种业产业竞争力指数排名

| 排名 | 国家 | 贸易竞争力指数 | 企业竞争力指数 | 产业规模指数 | 产业竞争力指数 |
|------|------|--------------|--------------|-------------|--------------|
| 1 | 美国 | 0.416 | 0.560 | 1.000 | 0.678 |
| 2 | 荷兰 | 1.000 | 0.104 | 0.112 | 0.466 |
| 3 | 法国 | 0.598 | 0.171 | 0.199 | 0.353 |
| 4 | 德国 | 0.266 | 1.000 | 0.030 | 0.318 |
| 5 | 中国 | 0.008 | 0.288 | 0.603 | 0.302 |
| 6 | 巴西 | 0.212 | 0.000 | 0.145 | 0.143 |
| 7 | 加拿大 | 0.124 | 0.000 | 0.104 | 0.091 |
| 8 | 日本 | 0.056 | 0.079 | 0.051 | 0.059 |
| 9 | 英国 | 0.114 | 0.000 | 0.001 | 0.046 |
| 10 | 澳大利亚 | 0.066 | 0.000 | 0.000 | 0.026 |

（1）贸易竞争力指数　中国贸易竞争力指数在 10 国中处于末位。荷兰（1.000）排名第一，远高于其他国家，在国际贸易中竞争优势明显。其次是法国（0.598）和美国（0.416），也具有很强的竞争力（表31）。

表31　10国国际贸易竞争力指数排名

| 排名 | 国家 | 贸易竞争指数 | 显示比较优势指数 | 国际市场占有率 | 市场开放度 | 国际贸易竞争力指数 |
|---|---|---|---|---|---|---|
| 1 | 荷兰 | 1.000 | 1.000 | 1.000 | 1.000 | 1.000 |
| 2 | 法国 | 0.957 | 0.609 | 0.603 | 0.223 | 0.598 |
| 3 | 美国 | 0.828 | 0.198 | 0.611 | 0.025 | 0.416 |
| 4 | 德国 | 0.495 | 0.090 | 0.258 | 0.222 | 0.266 |
| 5 | 巴西 | 0.670 | 0.138 | 0.030 | 0.011 | 0.212 |
| 6 | 加拿大 | 0.229 | 0.108 | 0.067 | 0.090 | 0.124 |
| 7 | 英国 | 0.239 | 0.069 | 0.040 | 0.108 | 0.114 |
| 8 | 澳大利亚 | 0.176 | 0.062 | 0.000 | 0.026 | 0.066 |
| 9 | 日本 | 0.147 | 0.026 | 0.021 | 0.031 | 0.056 |
| 10 | 中国 | 0.000 | 0.000 | 0.032 | 0.000 | 0.008 |

利用归一化前的原始数据对10国贸易竞争力4个三级指标分别进行分析，结果如表32所示。

表32　10国国际贸易竞争指数分指标排名（原始数据）

| 国家 | 贸易竞争指数 | 排名 | 显示性比较优势指数 | 排名 | 国际市场占有率 | 排名 | 市场开放度 | 排名 |
|---|---|---|---|---|---|---|---|---|
| 荷兰 | 0.439 | 1 | 6.870 | 1 | 0.208 | 1 | 0.232 | 1 |
| 法国 | 0.401 | 2 | 4.220 | 2 | 0.128 | 3 | 0.052 | 2 |
| 美国 | 0.289 | 3 | 1.441 | 3 | 0.130 | 2 | 0.006 | 8 |
| 巴西 | 0.151 | 4 | 1.035 | 4 | 0.013 | 7 | 0.003 | 9 |
| 德国 | −0.003 | 5 | 0.710 | 6 | 0.059 | 4 | 0.052 | 3 |
| 英国 | −0.227 | 6 | 0.562 | 7 | 0.015 | 6 | 0.025 | 4 |
| 加拿大 | −0.235 | 7 | 0.831 | 5 | 0.020 | 5 | 0.021 | 5 |
| 澳大利亚 | −0.281 | 8 | 0.515 | 8 | 0.007 | 10 | 0.007 | 7 |
| 日本 | −0.306 | 9 | 0.276 | 9 | 0.011 | 9 | 0.008 | 6 |
| 中国 | −0.435 | 10 | 0.097 | 10 | 0.013 | 8 | 0.001 | 10 |

①贸易竞争指数（TC）：TC取值范围为（−1，1），TC<0，表示该国种子为净进口；TC>0表示该国种子为净出口，TC值越大，该国种子在出口中的竞争力

越大。

中国 TC 指数在 10 国中位于末位，种子的出口竞争力最弱。荷兰（0.439）、法国（0.401）、美国（0.289）、巴西（0.151）的 TC>0，说明此 4 国的种子出口大于进口，具有较强的出口竞争力；德国的 TC 接近零，说明种子进出口量趋于平衡；英国（-0.227）、加拿大（-0.235）、澳大利亚（-0.281）、日本（-0.306）和中国（-0.435）的 TC<0，说明这几个国家的种子出口小于进口，种子的出口竞争力较弱（表 32）。

②显示比较优势指数（RCA）：RCA<0.8 表示该国种业竞争力较弱，0.8≤RCA<1.25 表示该国种业的出口竞争力处于中等水平，1.25≤RCA<2.5 表明该国种业具备较强的出口竞争力，当 RCA≥2.5 时，则表明该国种业在国际市场上具有极强的竞争优势。

中国 RCA 指数在 10 国中居末位。荷兰（6.870）、法国（4.220）RCA>2.50，表明这两个国家种子出口具有极强的国际贸易竞争力；美国（1.441）RCA 指数为 1.25~2.50，表明美国种子出口具有较强的国际贸易竞争力；巴西（1.035）、加拿大（0.831）RCA 指数为 0.80~1.25，表明其种子出口具有中度竞争力，且处于不稳定状态；德国（0.710）、英国（0.562）、澳大利亚（0.515）、日本（0.276）和中国（0.097）RCA 指数小于 0.80，则表明这些国家种子出口国际贸易竞争力较弱（表 32）。

③国际市场占有率（IMS）：国际市场占有率越高，表明该国种业的国际竞争力越强；反之，则较弱。

中国 IMS 指数在 10 国中排第七位。荷兰（0.208）、美国（0.130）、法国（0.128）的 IMS 指数处于前 3 位，是 10 国中种子出口额最大的 3 个国家，参与国际竞争、开拓国际市场的能力强劲，特别是荷兰优势明显；德国（0.059）、加拿大（0.020）次之；中国（0.013）、英国（0.015）、巴西（0.013）、日本（0.011）在国际市场占有率上差距微弱；澳大利亚（0.007）国际市场占有率最低（表 32）。

④市场开放度（MO）：市场开放度越高，表示劳动、资本、土地、企业家才能等各种生产资料在该国范围内被允许进行的交换活动的程度越高。

中国 MO 指数在 10 国中居末位。荷兰（0.230）市场开放度最高，其次是法国（0.052）、英国（0.052），巴西（0.003）和中国（0.001）市场开放度最低（表 32）。

（2）企业竞争力指数（EC） 随着经济全球化、市场一体化进程加快，世界种业跨国公司对种业市场份额的竞争日益激烈。EC 指数体现了一国作为种业主体的企业在国际上的竞争实力。EC 值越高，代表该国企业竞争力越强。中国企业竞争力指数为 0.288，在 10 国中排名第三位，与排名前两位的德国（1.000）和美国（0.560）还有较大差距（表33）。随着中国化工收购瑞士先正达公司，成为世界种业 4 强之一，以及隆平高科、北大荒垦丰种业、苏垦农发闯入 TOP20，使全球种业形成了美国、欧盟和中国"三足鼎立"的行业格局。中国种子企业正在不断壮大，参与国际市场竞争的能力也在不断增加，但依然存在由于研发投入不足造成的创新力不足的困境，种企的整体实力还有待提升。

**表33 10 国企业竞争力指数排名**

| 国家 | 销售额（百万美元） | 销售额占比（%） | 企业竞争力指数 | 排名 |
|------|------|------|------|------|
| 德国 | 13 549 | 32.515 | 1.000 | 1 |
| 美国 | 7 590 | 18.215 | 0.560 | 2 |
| 中国 | 3 898 | 9.354 | 0.288 | 3 |
| 法国 | 2 320 | 5.568 | 0.171 | 4 |
| 荷兰 | 1 410.3 | 3.384 | 0.104 | 5 |
| 日本 | 1 071 | 2.570 | 0.079 | 6 |
| 巴西 | 0 | 0 | 0.000 | 7 |
| 加拿大 | 0 | 0 | 0.000 | 8 |
| 英国 | 0 | 0 | 0.000 | 9 |
| 澳大利亚 | 0 | 0 | 0.000 | 10 |

（3）产业规模指数（IS） IS 指数体现了一国生产的种子对全球种业的贡献度，同时反映出一国满足国内种子市场需求的情况。

中国 IS 指数为 0.603 仅次于美国（1.000），排名第二位（表34）。美、中两国是全球第一大和第二大种子市场，其市场规模分别占全球种子市场的 35% 和 23%，国内市场需求巨大，而荷兰、法国、德国市场规模分别占全球种子市场的 1.37%、6% 和 2%，本国市场对种子的需求量小，生产的种子出口份额大，是典型的外贸型国家。中国种业首要任务是保障本国的用种需求和粮食安全，与荷兰、法国、德国等外贸型国家差异较大。

表 34  10 国产业规模指数排名

| 国别 | 种子市场份额（%） | 产业规模指数 | 排名 |
|---|---|---|---|
| 美国 | 35 | 1.000 | 1 |
| 中国 | 23 | 0.603 | 2 |
| 法国 | 6 | 0.199 | 3 |
| 巴西 | 6 | 0.145 | 4 |
| 荷兰 | 1.37 | 0.112 | 5 |
| 加拿大 | 5 | 0.104 | 6 |
| 日本 | 3 | 0.051 | 7 |
| 德国 | 2 | 0.030 | 8 |
| 英国 | 1.2 | 0.001 | 9 |
| 澳大利亚 | 1.07 | 0.000 | 10 |

## （四）主要结论

### 1. 中国种业国际竞争力综合排名位居世界第二位，具有较强的综合实力

中国的国际种业竞争力综合指数仅次于美国，在 10 国中位列第二位，其中科技创新力指数居第二位，虽远高于其他国家，在生物技术育种领域处于领先地位，但与排名第一位的美国还有较大差距，存在延伸性、尾随性研发居多，原始创新不足的问题；产业竞争力指数中国排在美国、荷兰、法国、德国之后，在 10 国中位列第五位，处于中等水平，且与排名第一位的美国差距很大，美国产业竞争力指数是中国的一倍多。总体上看，我国作物种业的科技竞争优势强于产业竞争优势，如何将科技优势转化为产业优势是我国种业未来发展需要重点突破的问题。

### 2. 中国种业竞争力综合排名位居世界第二位，科技创新力紧跟美国，但产业竞争力不强

结果显示，美国（0.693）、中国（0.411）、荷兰（0.369）位列世界种业竞争力综合排名前三位。中国名列第二位，其中，科技创新力指数美国（0.708）第一位、中国（0.521）第二位，中国与美国差距不大，且远高于其他国家，是全球生

物育种技术的领先者和引领者。但在产业竞争力方面，中国（0.302）处于弱势，位列第五位，与美国（0.678）、荷兰（0.466）、法国（0.353）、德国（0.318）差距较大。虽然中国化工收购瑞士先正达公司，成为世界种业4强之一，以及隆平高科、北大荒垦丰种业、苏垦农发的崛起，使中国有4家企业跻身国际TOP20，形成了美国、欧盟和中国"三足鼎立"的全球种业行业格局。但中国种业的市场竞争力普遍不强，在国际种业贸易中依然处在相对弱势的地位。

## 3. 在生物技术育种领域中国科研与技术研发活跃，但仍属于技术追随者，与美国等发达国家存在一定差距

基础研究指数排名前三位的是美国（0.877）、英国（0.472）和中国（0.471）。美国无论研究规模还是质量，都遥遥领先于其他国家，是种业基础研究的引领者，具有雄厚的实力和前瞻性。中国发文量仅次于美国，生物育种技术领域研究活跃，但研究质量与美国相差较大，还处于追赶阶段。英国、德国、荷兰、加拿大、澳大利亚和法国发文总量不大但影响力强于我国，是潜在的竞争者。

技术研发指数排名前三位的是美国（0.714）、德国（0.384）和中国（0.331）。美国属于典型的技术领导者，专利申请量远高于其他国家，且专利质量很高，处于绝对领先地位；中国属于技术活跃者，研发活动频繁，在专利数量上占据优势，但专利质量整体不高，是技术追随者；德国、澳大利亚属于潜在的技术竞争者，尽管专利申请量不多，但专利质量普遍较高，具有相当的竞争力。有研究表明，潜在竞争者比技术活跃者的市场表现更出色，中国应关注其技术发展新动向。

品种权指数前三位的是中国（1.00）、日本（0.50）和荷兰（0.48）。中国自加入UPOV以来，增长态势十分迅猛，2017年起中国的品种权申请数量已超过欧盟，位居第一位；授权数量自2014年起就超过美国，仅次于欧盟。从2015—2019年10国5年授权总量来看，中国（10 489件）排名第一位，是排名第二位的日本（3 949）的2.7倍。至2019年全球仍有效的植物品种权139 968件，中国（12 917件）排在第一位，是排名第二位的荷兰（8 916件）的近1.5倍。可以看出，中国在品种规模上有较大优势，日本、荷兰为第二梯队，具备一定优势。

## 4. 中国虽有4家企业进入全球TOP20，但国际贸易指数位列10国末位，在国际种业贸易中依然处在相对弱势的地位

国际贸易指数荷兰（1.00）排名第一位，远高于其他国家。其次是法国

（0.60）和美国（0.42），在国际贸易市场中竞争优势明显。中国排名第十位，处于落后位置。从贸易竞争指数、显示比较优势指数、国际市场占有率、市场开放度4个三级指标看，中国的国际市场占有率排名第七位，且与排在其后的巴西、日本、澳大利亚差距微弱，其他3个指标均排名末位。可见中国种业参与国际贸易市场竞争的能力不强，种子出口缺乏国际竞争力，种子市场开放度低，即对外国的劳动、资本、土地、企业家等各种生产资料在本国范围内被允许进行交换活动的开放程度较低。

企业市场份额指数是指TOP20种业跨国公司所属国家的销售额占TOP20企业总销售额的比。随着经济全球化、市场一体化进程加快，世界种业跨国公司对种业市场份额的竞争日益激烈，大型种业跨国公司所在国家的市场份额，也体现了该国的产业竞争实力。企业市场份额指数前三位的是德国（1.00）、美国（0.55）和中国（0.28）。

在TOP20跨国种企中，德国拥有拜耳、巴斯夫、科沃施3家，美国拥有科迪华1家。拜耳和科迪华两家超级企业，销售总额占TOP20总销售额的60%，种业集中度高，使德国、美国成为种业的领跑者，占有绝对的优势。进入TOP20的企业，荷兰有4家（瑞克斯旺、安莎种业、必久种业、百绿集团），法国有4家（利马格兰、佛洛利蒙-德佩、RAGT Semences、优利斯集团），日本有2家（坂田、泷井），这些企业虽然规模不及拜耳、科迪华，但各具特色和强项。

中国自中国化工收购瑞士先正达公司后，成为世界种业4强之一，加上隆平高科、北大荒垦丰种业、苏垦农发的崛起，使中国有4家企业跻身国际TOP20，形成了美国、欧盟和中国"三足鼎立"的全球种业行业格局。但中国和德国、美国、法国、荷兰等还有一定差距，市场集中度有待进一步提高。

## 5. 对生物育种技术及其产品的监管，形成了以美国为代表的产品导向和以欧盟为代表的技术导向两大监管政策体系

美国坚持"实质等同性"和"个案分析"作为转基因生物的监管原则，以《生物技术的监管协调框架》为基本纲领，构建了以产品为导向的生物技术产品监管制度体系。对新型植物育种技术的监管，也一直秉承该框架的基本原则和理念，尽力避免为生物技术或产品施加任何不合理的监管负担，并明确对基因编辑产品不会进行监管。除美国以外，采用类似政策的国家有加拿大、巴西、阿根廷、智利、哥伦比亚、以色列、日本等。日本和俄罗斯是反对转基因的，但都积极拥抱基因编

辑。印度、孟加拉国、尼日利亚、肯尼亚、巴拉圭、乌拉圭、菲律宾、挪威等国家正在讨论，很可能采取美国的做法。

欧盟对生物技术在农业上的应用一直持谨慎态度，并趋向于更为保守。在2018年7月欧盟最高法院裁定，如果在一种作物使用了突变技术（包括化学诱变和辐射诱变等），那么这种作物就应该视为GMO（基因修饰生物），就要用现有的欧洲GMO管理条例进行监管。这一裁定，在科学界和行业内掀起了一场轩然大波。纷纷表示这是倒退，将阻碍欧洲基因编辑研究和产业化发展，要求欧盟修改这一政策，放宽基因编辑产品的产业化。

与生物技术的发展相比，中国对新技术及其产品的监管相对滞后，现在所依据的法规是2001年发布、2017年修订的《农业转基因生物安全管理条例》。随着新技术的发展，采用基因编辑等新技术生产的生物产品是否属于农业转基因生物，是否需要监管及如何监管，并无明确规定。定义的不明确，法规的不完善，将严重制约基因组编辑等新技术在农业领域的发展，以至使我国丧失在生物技术领域实现超越的机会。最近，农业农村部印发的《2021年农业转基因生物监管工作方案》，要求优化完善品种审定制度，为有序推进生物育种产业化应用提供政策保障，释放了积极的信号。

# 四、中国生物种业发展存在的问题

## （一）国外起源种质资源占比低，种质资源精准鉴定严重不足

以美国为首的西方各国将遗传资源全球收集作为国家战略，一方面，严控核心遗传资源的输出，另一方面，非常注重对国外种质资源的收集，以美国为例，早在第一次世界大战和第二次世界大战期间，美国就搜集了世界各国不同生态条件下的种质资源，使其成为世界种质资源保存量和保存种类最大的国家，起源于国外的种质资源数量约占美国种质资源库库存的72%。与之相比，中国虽然种质资源丰富，但以国内资源为主，起源于国外的资源仅占库存的24%，致使优异的、具有特色的资源不足，缺乏优质的育种材料，在种业源头上受制于人。此外，中国精准鉴定的资源比例非常低，据统计，目前，中国保存的52万份种质资源中，完成精准鉴定的不到1.5万份，特别是缺乏对资源农艺性状和抗性基因等的精准鉴定。没有鉴定，也就无法挖掘和利用，中国作物种质资源利用率仅为3%~5%，有效利用率仅为2.5%~3%，尚未形成种质资源利用、基因挖掘、品种研发、产品开发、产业化应用的全链条组织体系。

## （二）生物技术育种领域研发活跃，但缺乏原始性创新技术

据 Web of Science 核心合集检索，2015—2019年，全球生物技术育种领域的发文总量为 87 830篇，美国 25 987篇，中国 21 620篇，在全球排名第一位和第二位，各占全球发文总量的 29.5%和 24.6%，共同组成了生物技术育种基础研究的第一阵营。据 Derwent Innovation 全球专利数据库检索，2015—2019年，全球生物育种技术

领域的专利申请总量为 23 133 件，美国和中国专利申请分别排在第一位和第二位，美国申请量为 11 849 件，占全球专利申请总量的 51.2%；中国 6 338 件占全球专利申请总量的 27.4%，虽与美国还有相当大的距离，但远超其他国家，成为全球生物育种技术领域的主要技术研发力量。

然而，中国虽然占据了研发规模上的优势，但从发文影响力来看，中国与美国还有一定差距，基础研究仍处于大部分追赶阶段，英国、德国、荷兰、加拿大、澳大利亚和法国发文总量不大但影响力强于中国，是潜在的竞争者。在技术研发方面，美国属于典型的技术领导者，拥有很强的技术研发能力，专利申请量远高于其他国家，且专利质量很高，处于绝对领先地位；中国属于技术活跃者，研发活动频繁，但专利质量整体不高，是技术追随者；德国、澳大利亚属于潜在的技术竞争者，尽管专利申请量不多，但专利质量普遍较高，具有相当的竞争实力，不容忽视。

总体上看，中国虽然在生物技术育种领域处于全球领先地位，但缺乏自主创新的原始技术。以基于 CRISPR/Cas 的基因编辑技术为例，虽然中国科学家对原始的基因编辑技术在安全性和效率方面进行了诸多改进，也获得了很多自主知识产权，但存在延伸性、尾随性研发居多，原始创新不足的问题。目前，常用的基因编辑的核心技术源自美国，核心技术的专利权基本掌握在欧德森－柏若德斯大学（Alderson Broaddus University）和科迪华公司手中，因此，在规模化商业应用方面存在潜在的"卡脖子"风险。

## （三）种子产业竞争力相对较弱，科技优势未转化为产业优势

与生物育种技术的发展相比，中国种子产业的发展明显滞后，在生物技术育种方面的科技优势远未转化为产业优势，导致这一现象的原因，既有种业自身的问题，也有体制机制和监管政策上的问题。

从种业自身来看，中国自加入 UPOV 以来，增长态势十分迅猛，2017 年起中国的品种权申请数量已超过欧盟，位居第一位；授权数量自 2014 年起就超过美国，仅次于欧盟，位居第二位。但由于存在品种同质化现象，虽然品种数量多但缺乏具有全球竞争性的产品，规模优势没有成为产业优势，在国际市场的竞争力不强。其次，"企业强，种业才能强"。近年来，我国种子企业发展迅速，但与国外发达国家

的差距依然很大，企业研发投入不足是导致企业创新能力不强的主要原因，而一个优良品种的诞生，往往要经过十几年甚至几十年的投入，成本巨大。因此，高性能种子的研发，从来都是国际种业巨头的专利。据拜耳公司年报显示，2020 年拜耳研发投入为 71.26 亿欧元，科迪华为 11.42 亿美元，而作为种业领头羊的隆平高科研发投入为 4.11 亿元，与国际种业巨头相比，国内企业的研发投入相差甚远。

从体制机制上看，近年来，中国一直在致力于种业体制改革，先后发布了《国务院关于加快推进现代农作物种业发展的意见》（国发〔2011〕8 号）和《国务院办公厅关于深化种业体制改革提高创新能力的意见》（国办发〔2013〕109 号）等纲领性文件，旨在推进商业化育种体系的建立，但由于育种人才、资源、技术主要集中在高校及科研单位，企业研发能力严重不足，完全照搬国外的模式，很难在短时间内见效。

从监管政策上看，中国对转基因及新生物技术的监管相对滞后，阻碍了生物育种的产业化发展。中国对新技术及其产品的监管，现在所依据的法规是 2001 年发布、2017 年修订的《农业转基因生物安全管理条例》。采用基因编辑等新技术生产的生物产品是否属于农业转基因生物，是否需要监管及如何监管，并无明确规定。定义不明确，法规不完善，一定程度制约基因组编辑等新技术在农业领域的发展，减小我国在生物技术领域实现超越的机会。

# 五、中国生物种业发展战略思考

## （一）实施国家种质资源战略，夯实种业发展基础

将种质资源保护利用上升到国家战略高度，建立以国家为主导的种质资源保护体系，协调政府有关管理部门、研究机构、高校以及私人企业及研究院等社会多方力量，一方面加强对我国濒危种质资源和野生品种的保护，另一方面通过种子企业民间交流，种企走出去等方式，积极引进国外种质资源，通过研发创新，解决"卡脖子"的种源问题。建立良好的运转机制和管理系统，制定国家生物资源多样性保护中长期规划，设立国家专项基金，持续稳定地支持我国的种子资源库建设和资源精准鉴定工作，发掘出一批优异种质和基因，并将种质资源和成熟的技术成果逐步向种子企业转移，服务于企业商业化研发。

## （二）实施种业科技创新战略，实现原始性创新的突破

针对目前美国等发达国家已对基因编辑技术相关的关键基因和种质资源的优异基因性状进行了专利申请，我国应重视替代性前沿技术的研发，国家应设立种业创新探索性研究专项，财政资金向原始创新性科研活动倾斜。力争开发出全新的基因编辑系统/工具，并获取知识产权保护，掌握种业主动权。此外，应加大信息技术、大数据技术等在种业研发中的应用力度，在高通量表型组、全基因组选择育种等生物育种核心技术领域加强布局，降低我国对高通量精准高效分子标记检测仪器等设备的国外依赖。尽量避免在国外公司已经掌握核心专利的技术领域开展尾随从属性研发，克服盲目低水平重复研究所导致的科技资源浪费。

## （三） 全面构建中国特色种业体系，提升产业竞争力

进行种业体制改革，实现科企脱钩，构建商业化育种体系是种业发展的方向，但鉴于目前我国种业的人才、资源和技术仍聚集在科研机构，种企技术研发力量依然薄弱的国情，不能盲目照搬国外的做法，应构建起中国特色的种业体系，即基于产学研创新联合体的种业创新体系。可借鉴国家农业科技创新联盟建设在运行机制、产学研连接模式、主体利益分配模式等方面积累的经验，选择科研实力强、研究基础好的科研机构/高校和种子龙头企业组成创新联合体，由国家和企业共同出资，各阶段研发投入各有侧重，针对种业关键性技术问题联合攻关，共同培育高性能品种并实现市场化。通过机制创新，提升我国作物种业的整体竞争力。

## （四） 实施种业强企战略，强化企业创新主体定位

企业强，产业强，应在政策、金融、税收、以企业的高质量发展带动种子产业的发展。一方面，应通过兼并重组等方式，培育我国的种业巨头，集中高端人才、先进技术和研发资金，使种业创新效率不断提升、附加值不断提高，从而避免"内卷式"无序竞争导致的重复建设、产能过剩。另一方面，由于基因编辑等技术的发展，降低了种子研发的门槛，也应加大对生物种业高科技初创公司在政策、融资、税收等方面的扶持力度，激发这类企业的活力，在一些生物种业尖端技术领域抢占先机。

## （五） 推进监管制度现代化，确保技术优势转化为产业优势

以产品为导向的监管政策，是推动美国迅速将其研发优势转化成产业优势的重要原因。为了使中国在生物技术方面的领先优势，尽快转化为产品优势、产业优势和竞争优势，应针对基因编辑技术，尽快出台明确的、前瞻性的、不同于转基因生物的相关监管政策；针对转基因作物产业化，政府应在充分评估转基因产品安全性和中国是否具备竞争力的前提下，尽快出台详细的规划、配套条例和明确的时间表，激发科研机构和企业研发的动力，扫除生物技术育种产业化的障碍，通过监管政策的现代化，推动生物种业的发展。

# 参考文献

拜耳历史［EB/OL］［2021－12－21］. https：//www. bayer. com. cn/index. php/
　　AboutBayer/BayerChina/2nd/History.

拜耳中国［EB/OL］［2021－12－22］. https：//www. bayer. com. cn/index. php/
　　AboutBayer/BayerChina.

范宣丽，刘芳，何忠伟，等，2015. 国内外籽种产业发展比较研究［J］. 世界
　　农业，432（4）：46－50.

国际农业生物技术应用服务组织，2021. 2019年全球生物技术/转基因作物商业
　　化发展态势［J］. 中国生物工程杂志，41（1）：114－119.

郝丽芳，陈宏宇，2021. 基因编辑领域专家访谈［J］. 生物工程学报，37（1）：
　　342－350.

佚名，2020. 黄瓜、番茄、白菜等蔬菜基因组学研究利用国际领先［J］. 农村
　　工作通讯（24）：16.

江苏省农业种质资源保护与利用平台. 作物种质资源保存现状及发展方向
　　［EB/OL］.（2009－01－09）　［2021－06－01］. http：//jagis. jaas. ac. cn/CO_
　　show. aspx？id＝78&class＝5.

蒋建科，2015. 我国农业基因组研究跃居世界前列［J］. 中国蔬菜（12）：24.

康国章，李鸽子，许海霞，2017. 我国作物转基因技术的发展与现状［J］. 现
　　代农业科技（22）：27－29.

科迪华2020可持续发展报告. https：//www. corteva. com/content/dam/dpagco/
　　corteva/global/corporate/files/sustainability/DOC－CORTEVA_2020_SUSTAIN-
　　ABILITY_REPORT_v2-Global. pdf.

林兆龙，高建勋，2019. 我国转基因作物产业化的困境及法律对策［J］. 农业
　　经济（4）：3－5.

刘策，孟焕文，程智慧，2020. 植物全基因组选择育种技术原理与研究进展

［J］. 分子植物育种, 18 (16)：5 335-5 342.

刘强, 2014. 美国转基因生物监管机制探究 ［J］. 安徽农业科学, 42 (36)：12 829-12 832.

刘肖静, 王旭静, 王志兴, 2021. CRISPR - Cas 系统在植物中的研究进展与监管政策 ［J］. 生物技术进展, 11 (1)：1-8.

吕明乾, 任静, 宋敏, 2015. 基于模糊综合评判的中国种业国际竞争力研究 ［J］. 中国种业 (12)：11-18.

王慧媛, 刘晓, 薛淮, 等, 2020. 完善安全管理, 促进基因编辑作物的科技与产业发展 ［J］. 植物生理学报, 56 (11)：2 317-2 328.

王静, 杨艳萍, 2019. 主要国家新型植物育种技术监管现状综述 ［J］. 中国农业科技导报, 21 (5)：1-7.

王磊, 2014. 全球一体化背景下中国种业国际竞争力研究 ［D］. 北京：中国农业科学院.

王磊, 刘丽军, 宋敏, 2014. 基于种业市场份额的中国种业国际竞争力分析 ［J］. 中国农业科学, 47 (4)：796-805.

我国保存种质资源总量突破 52 万份位居世界第二 ［J］. 农业科技与信息, 2021 (8)：81.

熊航, 徐国彬, 刘爱军, 2017. 法国商业化育种演变及启示 ［J］. 世界农业 (1)：164-168.

徐福海, 张莉, 何友, 等, 2014. 借鉴发达国家经验加强我国种质资源的保护利用工作 ［J］. 种子世界 (12)：1-3.

薛勇彪, 段子渊, 种康等, 2013. 面向未来的新一代生物育种技术——分子模块设计育种 ［J］. 中国科学院院刊, 28 (3)：308-314.

杨艳萍, 董瑜, 邢颖, 等, 2016. 欧盟新型植物育种技术的研究及监管现状 ［J］. 生物技术通报, 32 (2)：1-6.

尹政清, 白京羽, 林晓锋, 2020. 美国生物医药产业竞争力分析与启示 ［J］. 中国生物工程杂志, 40 (9)：87-94.

袁珊, 韩天富, 2019. 拉美转基因监管政策 ［J］. 大豆科技 (4)：66-67.

展进涛, 徐钰娇, 姜爱良, 2018. 巴西转基因技术产业的监管体系分析及其启示——制度被动创新与技术被垄断的视角 ［J］. 科技管理研究, 38 (3)：63-68.

张金昌，2001. 国际竞争力评价的理论和方法研究［D］. 北京：中国社会科学院.

智种网．| 2019 年全球种业 TOP20（中国 4 家）［EB/OL］.（2020-05-04）［2021-03-01］. https：//mp. weixin. qq. com/s/IOF-Xi91Y4zMfX ACgq1x2w.

邹婉侬，2020. 基于专利数据挖掘的全球生物技术育种技术及产业竞争态势分析［D］. 北京：中国农业科学院.

邹婉侬，宋敏，2020. 基于专利数据的植物基因编辑技术发展动态与竞争态势分析［J］. 农业生物技术学报，28（6）：1 060-1 072.

2021 全球种业最新 TOP10 榜单［EB/OL］［2021-04-30］. https：//mp. weixin. qq. com/s/VJvj_ 8mtTUpv2iuf980kWw.

95 年传承创新，先锋携手科迪华迈入下一个传奇世代［EB/OL］［2021-04-29］. https：//www. corteva. cn/media-center/Inheritance-and-innovation-in-1995-Pioneer-joins-hands-with-Kedihua-to-enter-the-next-legendary-generation. html.

Alexandre L N, Renata F P, Maria S S F, et al. , 2020. Brazilian biosafety law and the new breeding technologies［EB/OL］http：//www. engineering. org. cn/ch/10. 15302/J-FASE-2019301，7（2）：204-210.

Bayer annual report 2019.［EB/OL］［2020-11］https：//www. bayer. com/sites/default/files/2020-11/bayer-ag-annual-report-2019_ 6. pdf.

Bayer annual report 2020.［EB/OL］［2020-02］. https：//www. bayer. com/sites/default/files/2021-02/Bayer-Annual-Report-2020. pdf.

Biotech country Facts & Trends of Brazil［EB/OL］［2018-11］https：//www. isaaa. org/resources/publications/biotech_ country_ facts_ and_ trends/download/Facts%20and%20Trends%20-%20Brazil-2018. pdf.

Biotech country Facts & Trends of United States of America［EB/OL］［2018-11］http：//www. isaaa. org/resources/publications/biotech_ country_ facts_ and_ trends/download/Facts%20and%20Trends%20-%20USA-2018. pdf.

Corteva Agriscience ESG Overview. https：//s23. q4cdn. com/505718284/files/doc_ presentations/2021/Corteva-ESG-Engagement-Deck_ February-2021_ Final_ 021521. pdf.

ESG ratings and rankings［EB/OL］［2021-12-15］. https：//www. bayer. com/

en/sustainability/awards.

Kirsten L, 2020. Agricultural Biotechnology Annual ［EB/OL］ https：//apps. fas. usda. gov/newgainapi/api/Report/DownloadReportByFileName？ fileName = Agricultural%20Biotechnology%20Annual_ Berlin_ Germany_ 10-20-2020.

MAP 绿色发展报告 2020 ［EB/OL］［2021-01］. http：//sgcnew.marscreate.com/ d/file/sustainability/MAP%E7%BB%BF%E8%89%B2%E5%8F%91%E5%B1% 95%E6%8A%A5%E5%91%8A. pdf.

Names, Facts, Figures about Bayer. ［EB/OL］［2021-11-10］ https：//www. bayer.com/en/strategy/profile-and-organization .

NEPOMUCENO A L, FUGANTI-PAGLIARINI R, FELIPE M S S, et al. , 2020. Brazilian biosafety law and the new breeding technologies ［J］. Frontiers of Agricultural Science and Engineering, 7（2）：204.

Netherlands：Agricultural Biotechnology Annual ［EB/OL］［2020-05-11］. https：// www. fas. usda. gov/data/netherlands-agricultural-biotechnology-annual-3.

Netherlands：Agricultural Biotechnology Annual ［EB/OL］［2020-11-30］ https：// www. fas. usda. gov/data/netherlands-agricultural-biotechnology-annual-4.

Position Statements ［EB/OL］［2021-12-22］ https：//www. corteva. com/who-we-are/position-statements. html.

Securing the Future of Rice ［EB/OL］［2018-10-15］. https：//www. corteva. com/resources/media-center/securing-the-future-of-rice. html.

SINGH K, GUPTA K, TYAGI V, et al. , 2020. Plant genetic resources in India：management and utilization ［J］. Plan, 24（3）：306-314.

Sustainability Reports 2020 in For Good ［EB/OL］［2018-10-15］. https：// www. corteva. com/content/dam/dpagco/corteva/global/corporate/files/sustainability/DOC-CORTEVA_ 2020_ SUSTAINABILITY_ REPORT_ v2-Global. pdf.

Tailored Solutions to Help Farmers Feed a Growing World. ［EB/OL］［2020-06-09］. https：//www. bayer. com/en/ crop-science/products-crop-science.

The Good Growth Plan Open Data ［EB/OL］［2021 - 01］ http：//opendata. syngenta. agroknow. com/the-good-growth-plan-progress-data.

USDA. Australia：agricultural biotechnology annual ［EB/OL］. （2020-12-09）［2021-06-07］. https：//www. fas. usda. gov/data/australia - agricultural - biotechnology-annual-5.

USDA. Canada：Agricultural Biotechnology Annual［EB/OL］.（2020－02－11）［2021－06－01］. https：//www. fas. usda. gov/data/canada－agricultural－biotechnology-annual-3.

USDA. Chile：agricultural biotechnology annual［EB/OL］.（2020－03－18）［2021-06-07］. https：//www. fas. usda. gov/data/chile－agricultural－biotechnology-annual-3.

USDA. European Union：agricultural biotechnology annual［EB/OL］.（2020-12-31）［2021-06-07］. https：//www. fas. usda. gov/data/european－union－agricultural-biotechnology-annual-0.

USDA. France：agricultural biotechnology annual［EB/OL］.（2021－01－14）［2021-06-07］. https：//www. fas. usda. gov/data/france－agricultural－biotechnology-annual-5.

USDA. Japan：agricultural biotechnology annual［EB/OL］.（2020－04－01）［2021－06－07］. https：//www. fas. usda. gov/data/japan－agricultural－biotechnology-annual-5.

USDA. New Zealand：agricultural biotechnology annual［EB/OL］.（2020－12－18）［2021-06-07］. https：//www. fas. usda. gov/data/new－zealand－agricultural－biotechnology-annual-4.

USDA. Secretary perdue issues USDA statement on plant breeding innovation［EB/OL］.（2018-03-28）［2021－06－01］. https：//www. usda. gov/media/press－releases/2018/03/28/secretary－perdue－issues－usda－statement－plant－breeding－innovation.

USDA. United Kingdom：agricultural biotechnology annual［EB/OL］.（2020－12－22）［2021-06-07］. https：//www. fas. usda. gov/data/united－kingdom－agricultural-biotechnology-annual-5.

USDA. U. S. National Plant Germplasm System［EB/OL］.（2021-06-06）［2021-06-07］. https：//npgsweb. ars-grin. gov/gringlobal/query/summary.

WHELAN A. I，LEMA M. A，2015. Regulatory framework for gene editing and other new breeding techniques（NBTs）in Argentina［J］. GM Crops Food, 6（4）：253-265.